Python OpenCV 图像处理

刘磊 甄鹏 编著

清华大学出版社

北京

内 容 简 介

本书深入浅出地介绍了使用 Python 编程语言及其强大的图像处理库 OpenCV 进行图片和视频处理的基本知识和高级技术。为让学生更好地掌握所学知识并将其应用于实际问题中，本书精选了若干实践项目，如车牌识别、人脸识别、运动检测等。每个项目都详细说明了项目背景、需求分析、技术选型、实现步骤并进行代码分析，使读者能够在实践中巩固和拓展所学知识。

本书作者均为一线授课老师，具备丰富的教学经验，在编写教材过程中充分考虑了学生的特点，减少了理论知识的比重，每节都会布置有趣的实践项目，让学生动手练习起来；按照 54 课时、每课时 40 分钟进行章节划分，便于教师和学生合理安排自己的学习计划；充分考虑了不同学校软硬件环境的影响因素，书中项目除了基本的计算机外，不再需要额外的硬件，以减轻学校和学生的负担。

本书可作为人工智能技术应用专业教师和学生的授课教材。

图书在版编目(CIP)数据

Python OpenCV 图像处理 / 刘磊，甄鹏编著 . -- 北京：清华大学出版社，2025. 7.
ISBN 978-7-302-69613-1

Ⅰ. TP391.413

中国国家版本馆 CIP 数据核字第 2025HU4912 号

责任编辑：郭　赛
封面设计：刘　键
版式设计：方加青
责任校对：郝美丽
责任印制：丛怀宇

出版发行：清华大学出版社
　　　　　网　　　址：https://www.tup.com.cn，https://www.wqxuetang.com
　　　　　地　　　址：北京清华大学学研大厦 A 座　　　　　邮　　编：100084
　　　　　社 总 机：010-83470000　　　　　　　　　　　邮　　购：010-62786544
　　　　　投稿与读者服务：010-62776969，c-service@tup.tsinghua.edu.cn
　　　　　质 量 反 馈：010-62772015，zhiliang@tup.tsinghua.edu.cn
　　　　　课 件 下 载：https://www.tup.com.cn，010-83470236
印 装 者：三河市铭诚印务有限公司
经　　销：全国新华书店
开　　本：185mm×260mm　　　　　印　　张：12　　　　字　　数：292 千字
版　　次：2025 年 9 月第 1 版　　　　印　　次：2025 年 9 月第 1 次印刷
定　　价：49.80 元

产品编号：108737-01

目录 CONTENTS ·

第 1 章　初识图像处理 / 1

1.1　图像处理工具体验 / 1

1.2　AnaConda 和 Notebook 环境搭建 / 7

1.3　OpenCV 库 / 10

1.4　Matplotlib 库的使用 / 16

1.5　ipywidgets 库的使用 / 18

1.6　NumPy 库的使用 / 22

第 2 章　图像数字化 / 28

2.1　图像的基本属性 / 28

2.2　视频的基本属性 / 34

2.3　色彩空间 / 39

2.4　通道 / 44

2.5　我的调色板 / 49

2.6　制作动画片 / 50

第 3 章　图像处理基础 / 52

3.1　任务 1：实现图片格式转换功能 / 52

3.2　任务 2：实现图片裁剪功能 / 55

3.3　任务 3：实现图片压缩功能 / 58

3.4　任务 4：实现视频分割功能 / 60

3.5　任务 5：实现视频合并功能 / 62

3.6　任务 6：实现视频截图功能 / 64

第 4 章　创作图像 / 66

4.1　绘制直线 / 66

4.2　绘制矩形和圆形 / 69

4.3　绘制多边形 / 74

4.4　编写文字 / 77

4.5 任务 7：给图片加上水印 / 82

4.6 任务 8：给视频加上字幕 / 86

第 5 章　图像变换和运算 / 89

5.1 图像的缩放和翻转 / 89

5.2 图像的仿射变换和透视 / 94

5.3 任务 9：实现修改图像尺寸功能 / 100

5.4 图像的位运算 / 102

5.5 图像的加法运算 / 107

5.6 任务 10：实现插入图片功能 / 110

第 6 章　滤波器和图像形态学 / 114

6.1 核的概念 / 114

6.2 滤波器 / 116

6.3 腐蚀与膨胀 / 122

6.4 开运算与闭运算 / 126

6.5 梯度、顶帽和黑帽运算 / 129

6.6 任务 11：实现马赛克效果 / 131

第 7 章　图形检测 / 134

7.1 阈值 / 134

7.2 图像轮廓 / 141

7.3 轮廓拟合 / 147

7.4 Canny 边缘检测 / 152

7.5 霍夫变换 / 155

7.6 任务 12：实现抠图功能 / 160

第 8 章　模板匹配和物体识别 / 163

8.1 模板匹配 / 163

8.2 任务 13：找碴小游戏 / 169

8.3 人脸检测 / 171

8.4 更多物体检测 / 176

8.5 人脸识别 / 179

8.6 任务 14：实现魔法帽功能 / 183

在当今这个信息爆炸的时代，图像与视频已经成为人们日常生活中不可或缺的一部分。从社交媒体上的自拍和短视频，到新闻报道中的现场直播，再到电商平台上琳琅满目的商品图片，图像与视频处理技术的需求无处不在。尤其是随着自媒体的兴起，越来越多的人开始意识到图像与视频处理的重要性，他们希望通过专业的技术手段来提升自己的内容质量，以吸引更多的观众。

在计算机端或移动端，也有很多适用于个人进行图像或视频处理的工具软件，方便易用，深受人们的欢迎。

本书的主要目标是带领大家探索这些工具软件背后的秘密，了解和学习它们背后的工作机制。

1.1 图像处理工具体验

场景导入

相信绝大多数读者都制作过 PPT，在制作 PPT 时应该都或多或少地使用过 PPT 里面的图片插入功能。在使用图片插入功能时，有没有出现过这种情况？如图 1.1.2 所示，将图 1.1.1 所示图片插入 PPT 后，整个背景白框也一同插入了幻灯片，这样看起来实在太丑了。有没有办法只保留主体部分（帽子的部分）？

图 1.1.1　带白色背景的帽子图片

图 1.1.2　在一张绿色背景的 PPT 幻灯片中插入了一张白底图片

学习目标

（1）了解和体验图片处理的常用功能。

（2）了解和体验视频处理的常用功能。

演示体验

1. 图片编辑助手软件

图片编辑助手如图 1.1.3 所示，是一款功能丰富、操作简便的图片处理软件，专为满足日常图片编辑和美化需求而设计，常用功能如下。

图 1.1.3　图片编辑助手

◆ **基础编辑**：支持图片裁剪、缩放、旋转、翻转等基本操作，可轻松调整图片大小和角度。

◆ **高级调整**：提供亮度、对比度、饱和度、色温、色调等高级调整选项，让图片色彩更加鲜艳、自然。

◆ **特效滤镜**：内置多种滤镜效果，如复古、黑白、模糊、素描等，一键应用即可为图片添加独特风格。

◆ **抠图换背景**：支持智能抠图功能，自动识别图片中的人物或物体轮廓，轻松替换背景，实现创意合成。

◆ **文字与贴纸**：可以在图片上添加文字、贴纸、边框等装饰元素，丰富图片内容，提升视觉效果。

为了解决本小节【情境导入】中提到的问题，我们需要用到的工具是"抠图换背景"，如图 1.1.4 所示，在抠图换背景功能界面选择"物品抠图"选项，单击"单张添加"按钮，选择你需要编辑的图片。

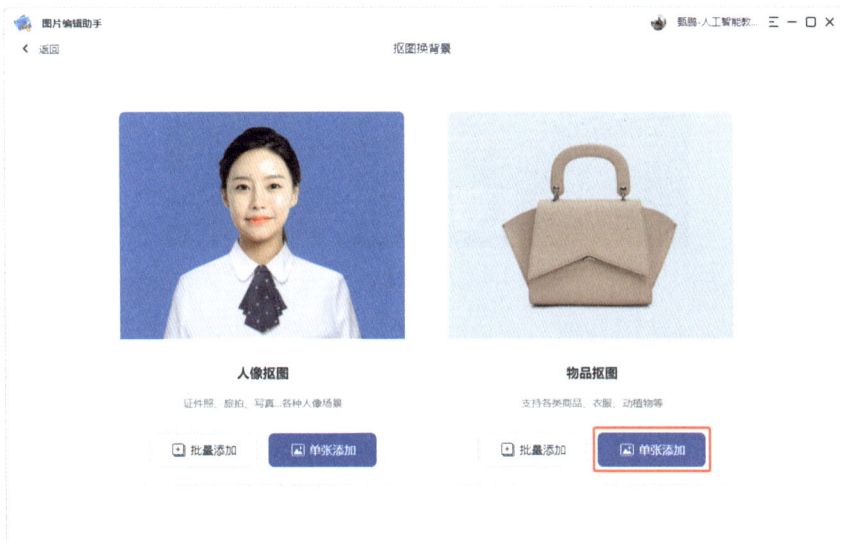

图 1.1.4　抠图换背景功能

选择图片后，软件会自动完成从白色背景中抠图的操作，当主体部分（图 1.1.5）被灰白格子包围时，即完成了抠图。

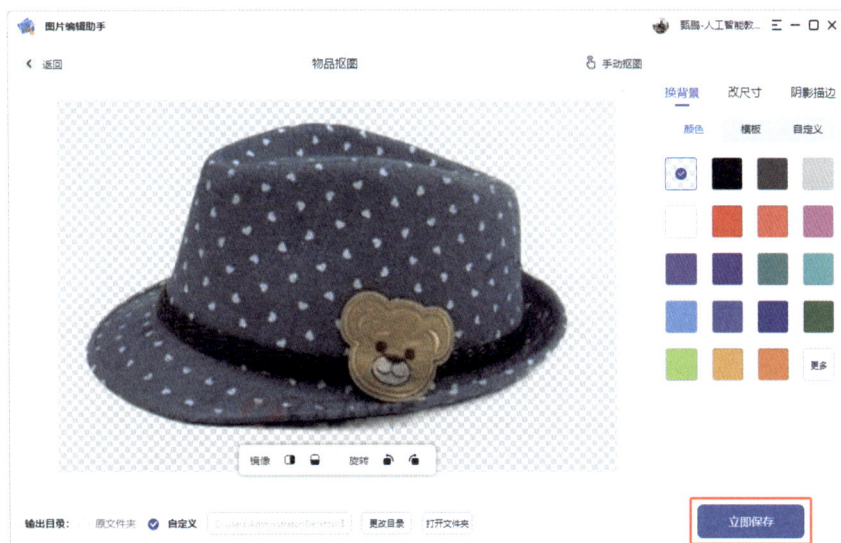

图 1.1.5　实现抠图效果

此时，打开保存好的图片，如图 1.1.6 所示，背景不再是白色，而是灰白格子（注意，根据操作系统的不同，背景也有可能是其他颜色的格子）。

我们称这种图片为背景透明的图片，在 2.4 节中会对其再次进行详细介绍。

图 1.1.6　完成抠图的图片

此时再将抠好的图片插入 PPT，白边消失了，整体看上去顺眼多了（图 1.1.7）。

图 1.1.7　将抠好的图片插入 PPT 后的效果

2. 迅捷视频转换器软件

迅捷视频转换器如图 1.1.8 所示，是一款功能全面、操作简便的视频处理软件，广泛应用于视频格式转换、编辑、压缩等方面，常用功能如下

◆ 视频格式转换：支持 MP4、AVI、MOV、WMV、M4V、FLV、F4V、MKV 等 20 多种主流视频格式之间的互相转换，满足用户在各种设备和平台上的播放需求。

◆ 视频编辑：支持画面裁剪、画中画、拼接、设置转场、增加动效、涂鸦等基础视频剪辑操作。提供高级编辑功能，如多轨道编辑、精准分割、视频变速和倒放等，满足用户的个性化编辑需求。

◆ 音频提取与转换：可以从视频中截取需要的音频片段，生成 MP3 音频，导出后可作为手机铃声或分享给朋友。支持多种音频格式（如 MP3、M4A、WMA、FLAC、AC3、OGG 等）之间的互相转换，实现音频文件的无损转换。

◆ GIF 制作：支持添加多张图片或视频，调节时间和分辨率后生成 GIF 动图。

◆ 去水印 / 加水印：支持批量导入视频，快速定位水印位置并一键去除文字、日期、标志等视频水印。

◆ 视频截图：在视频播放过程中截取精彩瞬间，保存为图片格式。

◆ 屏幕录像：提供全屏、区域等录制模式，支持音画同步录制。

图 1.1.8　迅捷视频转换器

接下来简单演示给一个视频添加水印的操作，因为该功能是收费功能，所以读者只需简单了解一下即可。

从软件首页进入"视频水印"功能，如图 1.1.9 所示，单击中间的"+"区域，选择想要添加水印的视频。

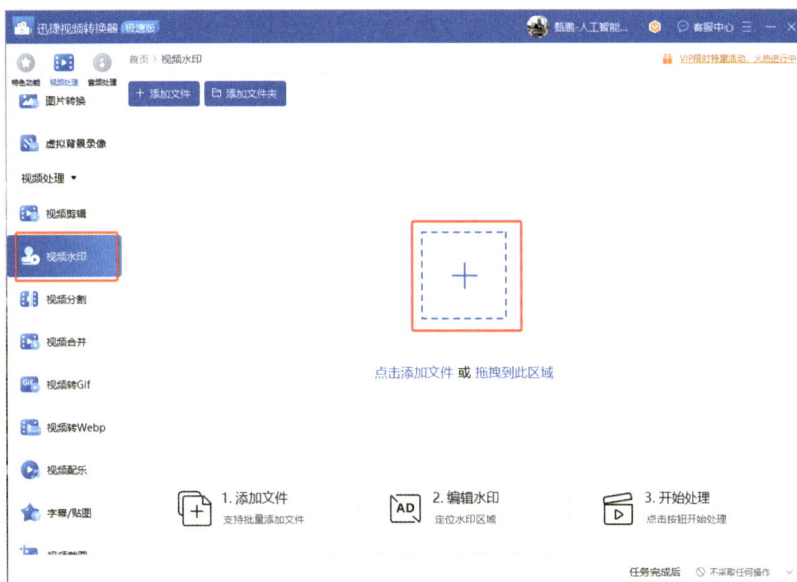

图 1.1.9　视频水印功能界面

完成视频添加后，单击"视频加水印"按钮，在弹出的窗口单击"添加文字"按钮，再在弹出的窗口中输入要添加的水印字样（本例是"Hello World！！"），如图1.1.10所示。

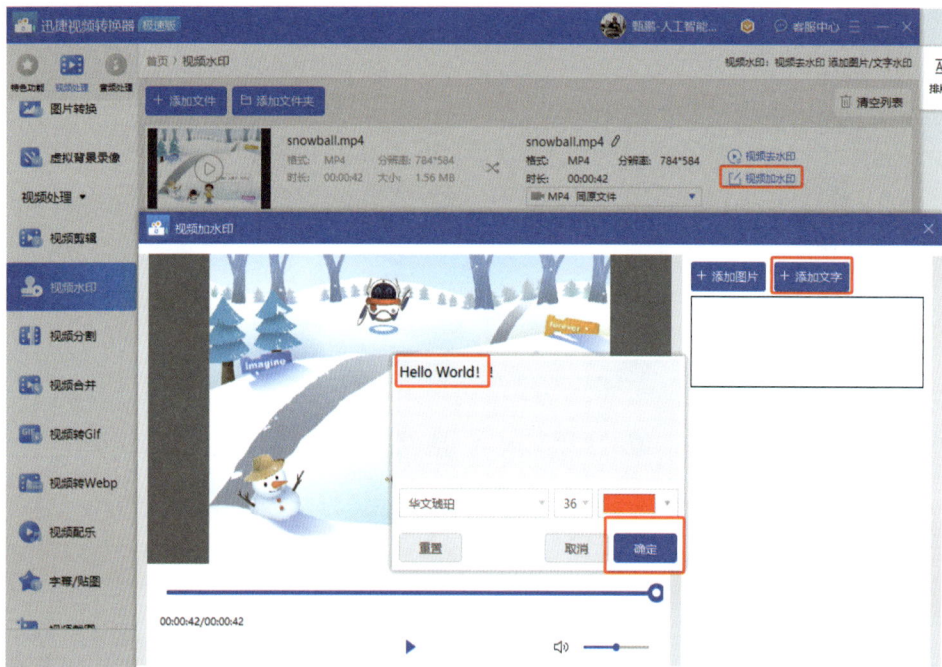

图 1.1.10　添加水印字样（1）

在图 1.1.11 所示的界面中继续单击"确定"按钮，软件开始水印添加操作。

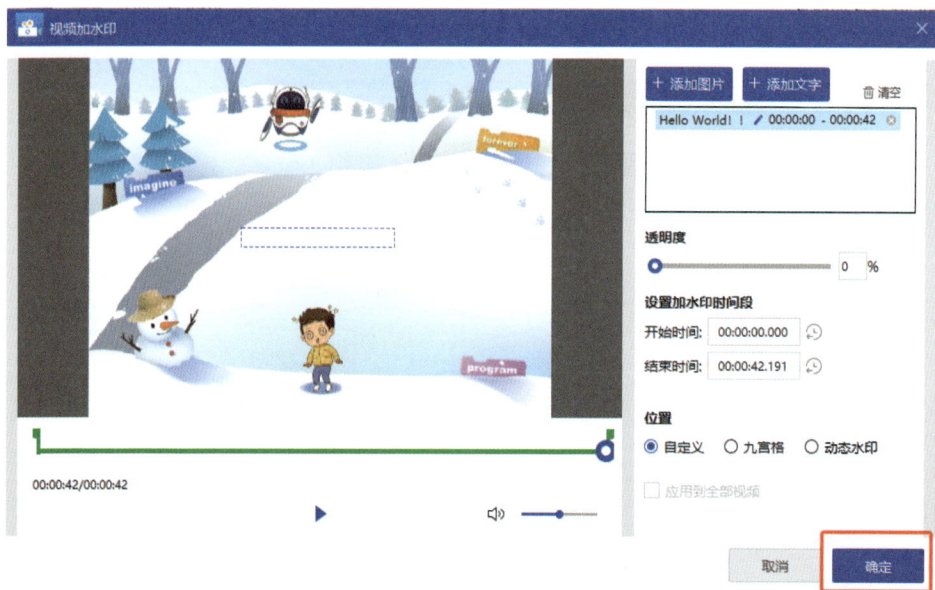

图 1.1.11　添加水印字样（2）

视频处理完成后，打开新的视频，可以看到我们刚刚添加的水印（图 1.1.12）。

图 1.1.12 添加水印字样（3）

课堂练习

可以尝试下载图片编辑助手和迅捷视频转换器软件，了解和体验其他图片或视频处理功能。

1.2 AnaConda 和 Notebook 环境搭建

场景导入

在 1.1 节中，我们体验了图片处理软件和视频处理软件的强大功能。但遗憾的是，这些软件大多是收费的，这也很容易理解，毕竟每款软件都是需要很多开发人员花费大量时间和精力来编写完成的。

读者是否有兴趣自己动手来编写一个可以实现类似功能的软件呢？这也是本书的核心所在。

其实完成这些功能的雏形并不难，只需要我们有一定的 Python 编程基础，借助 Python 第三方库即可完成。

工欲善其事，必先利其器。在开始动手编写代码之前，我们花一小节的篇幅介绍和搭建接下来需要用到的开发环境。

学习目标

（1）完成 Anaconda 环境的下载和安装。

（2）熟悉 Jupyter Notebook 开发环境。

知识传递

1. Anaconda 环境下载和安装

Anaconda 是一个开源的 Python 发行版，专为数据科学、机器学习和科学计算设计。它不仅包含 Python 解释器，还集成了众多常用的科学计算库和工具，如 NumPy、Pandas、Matplotlib 等。

在 Python 开发中，对于各个支持库的安装、删除和更新也是一个让人头疼的事情，Anaconda 自带的 Conda 包管理系统用于简化 Python 环境的管理和包的安装、更新、删除等操作。

Anaconda 的更新很快，它的安装和大多数 Windows 安装程序一样，只需一步步地执行即可，所以在这里就不再大篇幅地介绍它的安装过程了，只需登录官网（https：//www.anaconda.com/download/success）选择最新的版本下载，然后搜索其对应的安装指南即可，如图 1.2.1 所示。

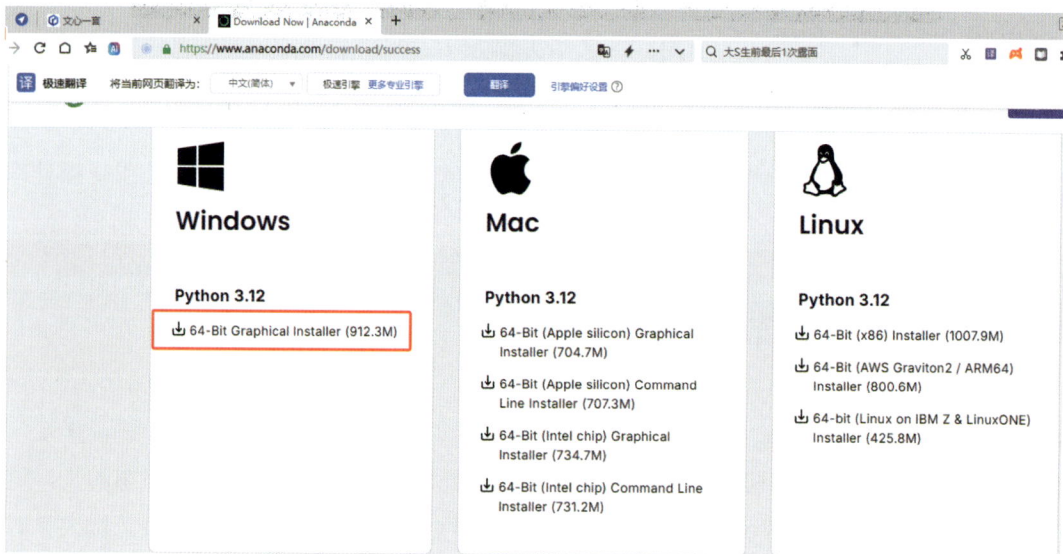

图 1.2.1　Anaconda 下载界面

2. 熟悉 Jupyter Notebook 开发环境

Jupyter Notebook 是一个基于网页的开源交互式计算环境，允许用户创建和共享包含代码、公式、可视化和文本的文档，它在数据科学、机器学习、科学计算等领域有着广泛的应用，极大地简化了数据分析、可视化和文档化的过程。

本书配套的所有代码都是在 Jupyter Notebook 环境下编辑并测试成功的，所以建议大家使用 Notebook 进行学习。注意，除了 Notebook 外，安装 Anaconda 时还会安装 JupyterLab 环境，但是配套代码在 JupyterLab 上运行时将无法显示图片。

Anaconda 安装完成后，在计算机的"所有程序"中找到 Anaconda3，单击 Anaconda

Navigator 即可启动 Anaconda 程序（图 1.2.2）。

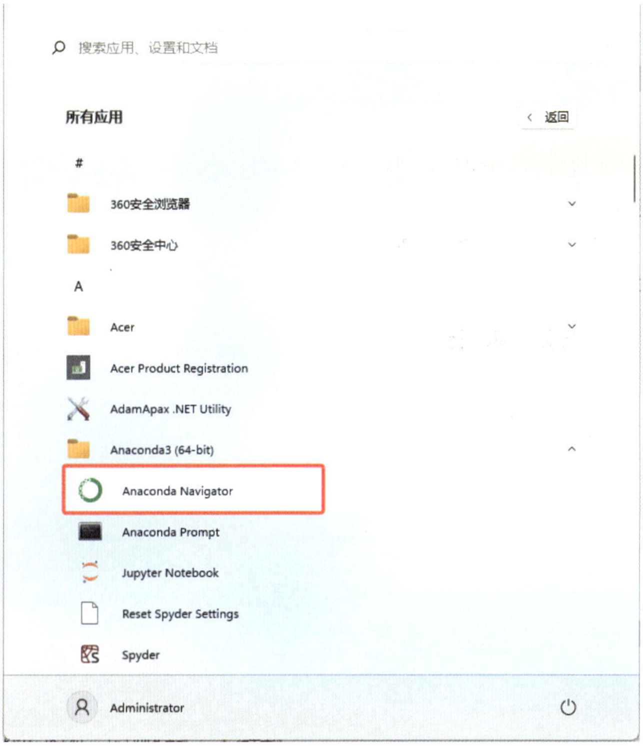

图 1.2.2 启动 Anaconda

如图 1.2.3 所示，在 Anaconda Navigator 界面启动 Jupyter Notebook。

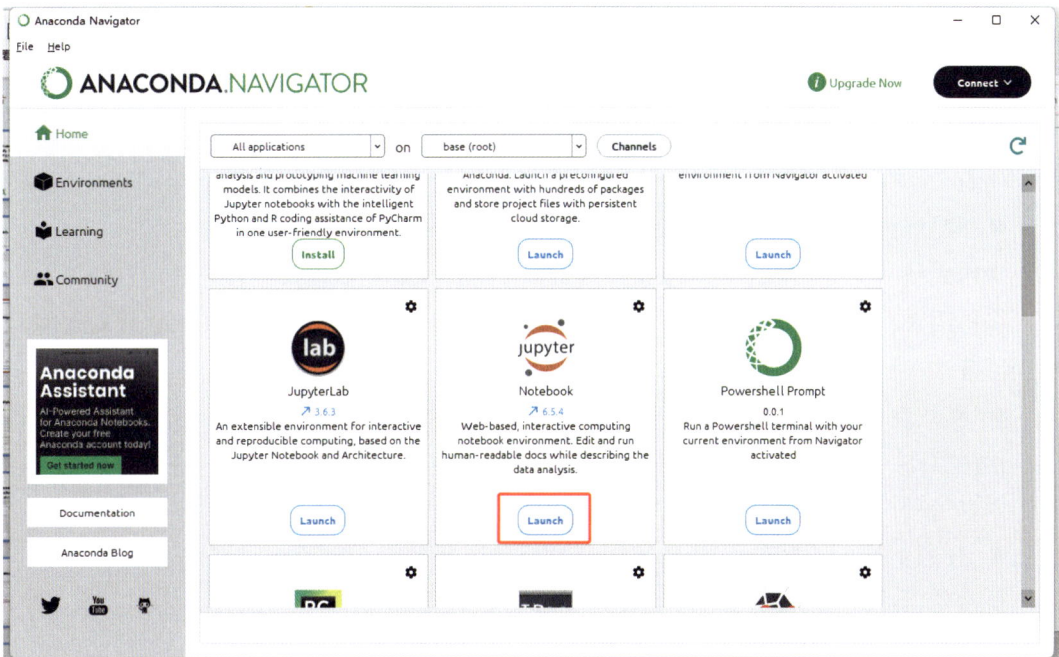

图 1.2.3 启动 Jupyter Notebook

将本书的配套代码复制到 Anaconda 的工作目录下（默认路径是 C：\Users\Administrator），在 Notebook 中，进入本书代码目录的第 1 章，打开 HelloWorld.ipynb 程序。选中 print('Hello World!') 代码段（在之后的文章中，我们称这一格为一个 Cell），单击上方的"运行"按钮，然后在空白处会打印出"Hello World ！"字样，如图 1.2.4 所示。

图 1.2.4　在 Jupyter Notebook 上执行程序

课堂练习

在 Notebook 上执行更多的 Python 程序，熟悉 Jupyter Notebook 环境的使用。

1.3 OpenCV 库

场景导入

对 OpenCV 库的学习和使用是本书的核心内容。

OpenCV（Open Source Computer Vision Library）是一个开源的计算机视觉和机器学习库，由英特尔公司发起并开发，旨在提供一组通用的工具和算法，帮助开发者处理图像和视频数据。

OpenCV 的主要特点如下。

● 跨平台支持。

操作系统：支持 Windows、Linux、macOS、Android 等多个操作系统。

编程语言：除了 Python 以外，还支持 C++、Java、MATLAB、C#、Ruby、Go 等多种编程语言。

● 高效性。

优化算法：提供经过优化的图像处理算法和机器学习模型。

内存管理：高效的内存管理策略，适合高性能计算需求。

● 开源免费。

免费使用：完全开源，适合学术研究和商业应用。

社区支持：拥有活跃的开发者社区，可以持续更新和优化。

● 广泛的功能支持。

图像处理：提供图像滤波、边缘检测、图像变换等基本操作。

视频分析：支持视频捕捉、编解码和流媒体传输。

特征检测与匹配：包括 SIFT、SURF、ORB 等算法，用于识别和匹配图像中的关键点。

目标检测与跟踪：支持 Haar 级联、HOG+SVM、深度学习模型等，可用于人脸检测、车辆检测等。

机器学习：集成机器学习模块，支持分类、回归、聚类等任务。

深度学习：支持加载和运行深度学习模型，如 Caffe、TensorFlow、ONNX 等。

📖 学习目标

（1）学习 OpenCV 库的安装方法。

（2）使用 OpenCV 提供的函数打开一张图片。

（3）使用 OpenCV 提供的函数播放一段视频。

☁ 知识传递

1. 安装 OpenCV 库

在安装 Anaconda 时，并不会一并安装 OpenCV 库，所以需要单独安装。在计算机的"所有应用"中找到 Anaconda3，单击 Anaconda Prompt，如图 1.3.1 所示。

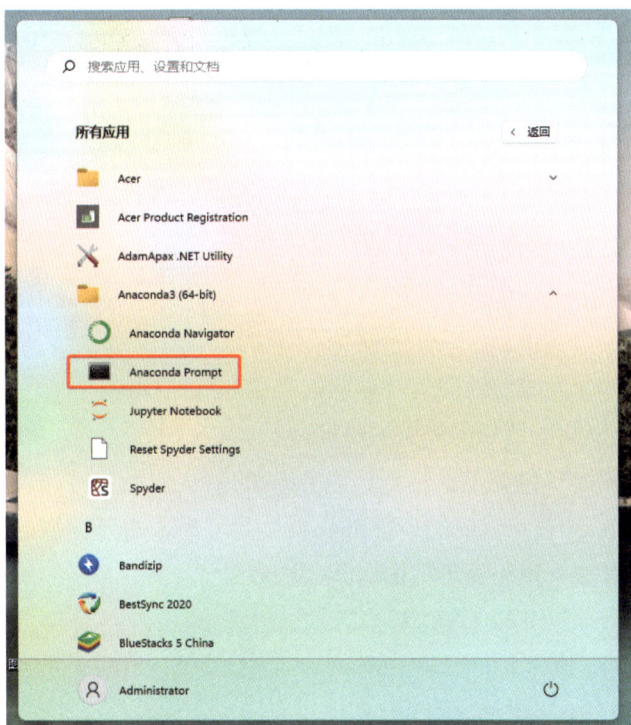

图 1.3.1　运行 Anaconda Prompt

在联网状态下，在命令行下输入 pip install opencv-contrib-python 完成 OpenCV 库的下载和安装，如图 1.3.2 所示。

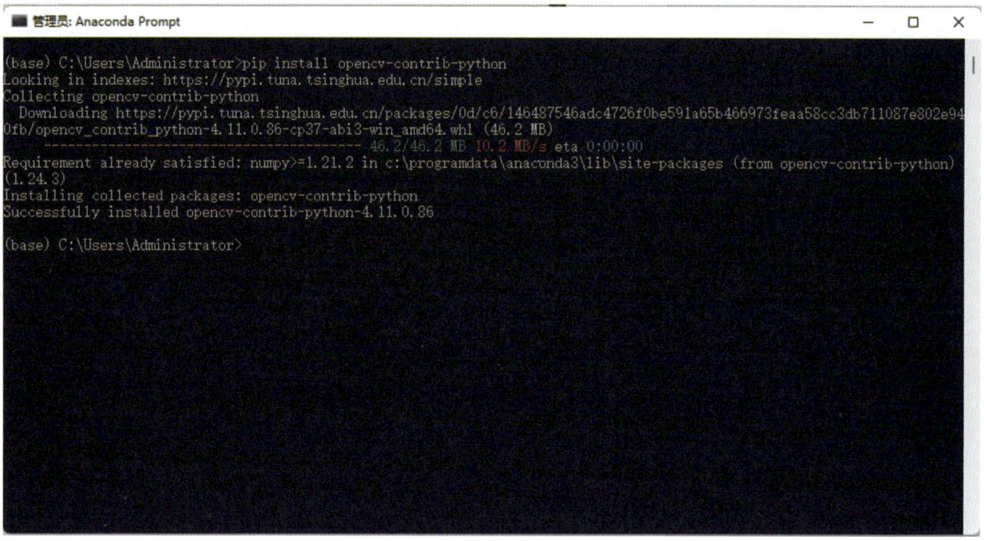

图 1.3.2　下载和安装 OpenCV 库

在命令行下运行 python 命令，进入 Python 命令行，再运行 import cv2 命令，如果没有报错，则说明正确安装了 OpenCV 库，如图 1.3.3 所示。

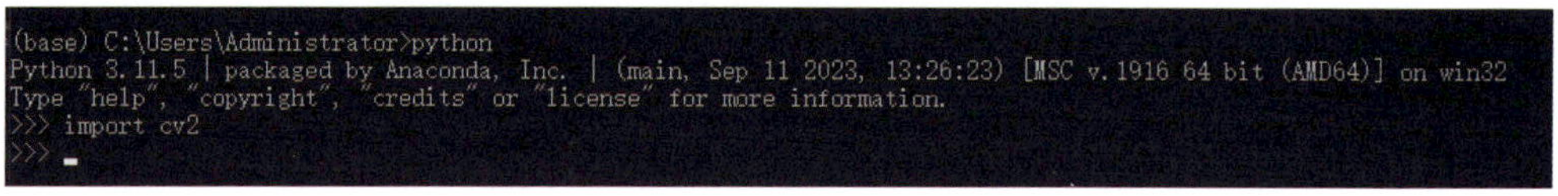

图 1.3.3　测试 OpenCV 是否安装成功

2. 使用 OpenCV 打开图片文件

在 OpenCV 中，打开、显示、关闭和保存一张图片文件涉及以下函数方法。

（1）imread() 方法：读取图像。其语法格式如下：

```
image = cv2.imread(filename, flags)
```

参数说明：

◆ image：imread() 方法的返回值，返回的是读取到的图像。

◆ filename：要读取的图像的完整文件名。

◆ flags：读取图像颜色类型的标记。当 flags 的默认值为 1 时，表示读取的是彩色图像，此时的 flags 值可以省略；当 flags 的值为 0 时，表示读取的是灰度图像。

（2）imshow() 方法：用于显示图像。其语法格式如下：

```
cv2.imshow(winname,mat)
```

参数说明：

◆ winname：显示图像的窗口名称。

◆ mat：要显示的图像。

（3）waitKey() 方法：等待用户按下键盘上按键的时间，当用户按下键盘上的任意按键时，将执行 waitKey() 方法，并且获取 waitKey() 方法的返回值。其语法格式如下：

```
retval =cv2.waitKey(delay)
```

参数说明：

◆ retval：与被按下的按键相对应的 ASCII 码。例如，Esc 键的 ASCII 码是 27，当用户按下 Esc 键时，waitKey() 方法的返回值是 27。如果没有按键被按下，waitKey() 方法的返回值是 −1。

◆ delay：等待用户按下键盘上按键的时间，单位为毫秒 (ms)。当 delay 的值为负数、0 或者空时，表示无限等待用户按下键盘上按键的时间。

（4）destroyAllWindows() 方法：用于销毁所有正在显示图像的窗口。其语法格式如下：

```
cv2.destroyAllWindows()
```

（5）imwrite() 方法：用于按照指定路径保存图像。其语法格式如下：

```
cv2.imwrite(filename,img)
```

参数说明：

◆ filename：保存图像时所用的完整路径。

◆ img：要保存的图像。

3. 使用 OpenCV 打开视频文件

相信本书的读者都知道，视频其实就是将很多连续的图片在很短的间隔内不断地显示出来，我们称这些连续的图片为帧。

在 OpenCV 中，打开、显示、关闭和保存一段视频文件涉及以下函数方法。

（1）VideoCapture() 方法：用于完成视频文件的初始化工作。其语法格式如下：

```
video =cv2.VideoCapture(filename)
```

参数说明：

◆ video：新创建的对象。

◆ filename：打开视频的文件名。

（2）isOpened() 方法：用于检查打开的视频是否存在。其语法格式如下：

```
retval =video.isOpened()
```

参数说明：

◆ video：cv2.VideoCapture() 创建的对象。

◆ retval：isOpened() 方法的返回值。如果视频初始化成功，则 retval 的值为 True；否则为 False。

（3）read() 方法：用于读取视频中的每一帧。其语法格式如下：

```
retval,image =video.read( )
```

参数说明：

◆ video：cv2.VideoCapture() 创建的对象。

◆ retval：是否读取到帧。如果读取到帧，则 retval 的值为 True；否则为 False。

◆ image：读取到的帧。因为帧指的是构成视频的图像，所以可以把"读取到的帧"

理解为"读取到的图像"。

OpenCV 中并没有播放视频的方法，这是因为所谓的播放视频，就是一张一张地显示 read() 方法返回的 image 帧。

📖 演示体验

1. 使用 OpenCV 打开图片文件

在 Notebook 中打开代码 1.1 PictureAndVideo.ipynb, 运行 Cell 1 对图片进行操作的代码，体验 OpenCV 是如何打开、显示并保存图片的。

```
            代码1.1 PictureAndVideo.ipynb – 对图片的基本操作
# 导入 OpenCV 库
import cv2

image = cv2.imread("hat_bgr.png")  # 读取 hat_bgr.png
cv2.imshow("hat", image) # 在名为 hat 的窗口中显示图片
cv2.waitKey() # 窗口将一直显示图像, 等价于 cv2.waitKey(0)
cv2.destroyAllWindows() # 销毁所有窗口

# 把图片保存在当前目录下的, 并取名为 new_hat.png
cv2.imwrite("./new_hat.png", image)
```

程序成功运行时，会跳出一个新的名为 hat 的窗口，显示图片如图 1.3.4 所示。在关闭这个窗口后，代码所在目录会生成一个名为 new_hat.png 的新图片。

图 1.3.4　跳出名为 hat 的窗口

2. 使用 OpenCV 打开视频文件

在 Notebook 中打开代码 1.2 PictureAndVideo.ipynb, 运行 Cell 2 对视频的基本操作代码，体验 OpenCV 是如何打开和播放视频的。

```
            代码1.2 PictureAndVideo.ipynb – 对视频的基本操作
# 导入 OpenCV 库
import cv2

video = cv2.VideoCapture("snowball.mp4 ") # 打开视频文件
while (video.isOpened()): # 视频文件被打开后
```

```
    retval, image = video.read()  # 读取视频文件
    # 设置 Video 窗口的宽为 420，高为 300
    cv2.namedWindow("Video", 0)
    if retval == True:  # 读取到视频文件后
        cv2.imshow("Video", image)  # 在窗口中显示读取到的视频文件
    else:  # 没有读取到视频文件
        break
    key = cv2.waitKey(1)  # 窗口的图像刷新时间为 1 毫秒
    if key == 27:  # 如果按下 Esc 键
        break
video.release()  # 关闭视频文件
cv2.destroyAllWindows()  # 销毁显示视频文件的窗口
```

程序成功运行时，会将原本 40 多秒的视频 snowball.mp4 很快地播放完成，请读者思考这是为什么？

课堂练习

◆ 练习 1.1：我们在运行代码 PictureAndVideo.ipynb 时，在新弹出的窗口显示图片后，我们按下键盘上的任意按键，图片就会关闭。

请修改代码，令只有按下 Esc 键时图片才会关闭，提示 Esc 键的键值是 27。

◆ 练习 1.2：运行代码 PictureAndVideo.ipynb 时，原本 42 秒的 snowball.mp4 视频在不到 1 秒的时间就播放完了。查看一下 snowball.mp4 视频的属性，可以发现它的帧速率是 9.55 帧 / 秒，也就是说，1 秒播放 9.55 张图片，大概 100ms 播放一张图片（图 1.3.5）。

根据这个发现，请修改代码 PictureAndVideo.ipynb 中的对应位置，让其播放时长恢复正常。

图 1.3.5　snowball.mp4 视频的属性

1.4 Matplotlib 库的使用

场景导入

除了 OpenCV 库外，本书配套的示例代码还用到了一些其他的库，例如 Matplotlib、ipywidgets 和 NumPy 库，以达到更理想的展示效果。接下来的 3 小节将分别对这三个库进行简单介绍。需要注意的是，这三个库都提供了非常强大的功能，我们这里介绍的仅仅是示例代码中会用到的一小部分功能。

我们在 1.3 节使用 OpenCV 提供的方法打开并显示一张图片时，图片会在一个新的窗口显示，有没有办法让这张图片直接显示在 Notebook 中呢？这样我们就不用切换窗口了，这时，我们就需要用到 Matplotlib 库了。

Matplotlib 是一个功能强大的 Python 数据可视化库，广泛用于数据科学、机器学习、科学计算和工程等领域。它提供了丰富的图表类型和高度可定制化的选项，帮助用户将复杂的数据转换为直观、清晰的图表，便于数据的理解和传达。

Anaconda 安装时会自带 Matplotlib 库，所以我们无须再下载安装。

学习目标

（1）了解 Matplotlib 库的功能。
（2）掌握 Matplotlib 库显示图片函数。
（3）初步了解 RGB 三原色知识。

知识传递

本书仅使用了 Matplotlib 库的 imshow() 方法，用于在 Notebook 上显示图片。imshow() 方法的语法格式如下：

```
imshow(X, cmap=None, norm=None, aspect=None, interpolation=None,
alpha=None, vmin=None, vmax=None, origin=None, extent=None,
shape=None, filternorm=1, filterrad=4.0, imlim=None, resample=None,
url=None, *, data=None, **kwargs)
```

参数说明：

◆ X：输入数据。可以是二维数组、三维数组、PIL 图像对象、Matplotlib 路径对象等。

◆ cmap：颜色映射。用于控制图像中不同数值所对应的颜色。可以选择内置的颜色映射，如 gray、hot、jet 等，也可以自定义颜色映射。

◆ norm：用于控制数值的归一化方式。可以选择 Normalize、LogNorm 等归一化方法。

◆ aspect：控制图像纵横比（aspect ratio）。可以设置为 auto 或一个数字。

◆ interpolation：插值方法。用于控制图像的平滑程度和细节程度。可以选择 nearest、

bilinear、bicubic 等插值方法。

◆　alpha：图像透明度。取值范围为 0~1。

◆　origin：坐标轴原点的位置。可以设置为 upper 或 lower。

◆　extent：控制显示的数据范围。可以设置为 [xmin, xmax, ymin, ymax]。

◆　vmin、vmax：控制颜色映射的值域范围。

◆　filternorm 和 filterrad：用于图像滤波的对象。可以设置为 None、antigrain、freetype 等。

◆　imlim：用于指定图像显示范围。

◆　resample：用于指定图像重采样方式。

◆　url：用于指定图像链接。

千万不要被 imshow() 里面的这些参数吓到，因为在之后的示例中，我们只会用到第一个参数 X，告诉方法我们要显示哪张图片即可。

📖 演示体验

运行配套代码 1.3 matplotlib.ipynb 中的 Cell 1 代码段，此时图片会在 Notebook 中显示出来，而不是跳出一个新的窗口，但是此时的颜色怎么和原图不一样呀？如图 1.4.1 所示。

图 1.4.1　图片在 Notebook 中显示但是颜色却很奇怪

这是因为在 OpenCV 和 Matplotlib 中对图片 RGB 三原色的顺序定义不同，我们继续运行代码的 Cell 2，在这段代码中，对图片 RGB 三原色的顺序进行了调整，再次显示图片，颜色就正常了（图 1.4.2）。

关于 RGB 三原色的介绍，以及这里所提到的"顺序"的解释会放在第 2 章。

```
def show_img(bgr):
    # 将BGR格式的图像转换为RGB格式
    rgb = cv2.cvtColor(bgr, cv2.COLOR_BGR2RGB)
    # 用matplotlib显示图像
    plt.imshow(rgb)

show_img(image)
```

图 1.4.2　进行调整后，颜色可以正常显示

课堂练习

上网搜索一些使用 Matplotlib 画图的示例代码，体验其强大的功能。

1.5 ipywidgets 库的使用

场景导入

我们在日常使用各种软件时，经常会用到文本输入框、按键等交互控件，在使用 Python 开发设计程序时，也经常会用到图形化库来完成功能界面的设计。在本书中，我们主要用到了 ipywidgets 库来在 Notebook 上增加控件，以及使用 Python 的 display 模块来显示控件。

ipywidgets 是 Jupyter 项目中的一个库，它允许用户在 Jupyter Notebook 或 JupyterLab 环境中创建丰富的交互式控件，从而极大地提升了数据分析和展示的体验。ipywidgets 提供了一组用于构建交互式用户界面的 Python 控件，这些控件可以嵌入 Jupyter Notebook 的单元格，使用户能够与数据进行交互，实现动态数据展示和分析。ipywidgets 依赖于 traitlets、notebook、ipykernel 等库，支持自定义控件，并能在 notebook 和 Web 应用中保持同步。

Anaconda 安装时会自带 ipywidget 库和 IPython 库，所以我们无须再下载安装。

学习目标

（1）了解和学习 ipywidgets 库的功能。

（2）编写程序，在 Notebook 上增加并显示控件。

知识传递

1. Text 文本控件

ipywidgets 中的 Text 控件用于在 Jupyter Notebook 中创建一个文本框，允许用户输入和显示单行文本。其使用语法如下：

```
text_widget = widgets.Text(description, value, placeholder,disabled)
```

参数说明：

◆ description：设置文本框前的标签或提示信息。

◆ value：设置文本框的初始值。

◆ placeholder：设置文本框为空时的占位符文本。

◆ disabled：设置文本框是否可用。当设置为 True 时，文本框将变为灰色且用户无法输入。

2. Button 按键控件

ipywidgets 中的 Button 控件用于在 Jupyter Notebook 中创建一个按钮，允许用户通过单击按钮来触发特定的操作。其使用语法如下：

```
button = widgets.Button(description,disabled,button_style,tooltip,
icon,layout)
```

参数说明：

◆ description：按键上显示的信息。

◆ disabled：设置按钮是否可用。当设置为 True 时，按钮将变为灰色且用户无法单击。

◆ button_style：设置按钮的样式。可以选择 'success'、'info'、'warning'、'danger' 等内置样式，或留空使用默认样式。

◆ tooltip：设置按钮的提示信息，当鼠标悬停在按钮上时显示。

◆ icon：设置按钮上显示的图标。

◆ layout：设置按钮的布局，例如宽度和高度。

按键被创建后，使用 on_click() 方法为按钮绑定一个回调函数，当按钮被单击时，将触发该回调函数。示例代码如下：

```
def on_button_click(b):
    print("按钮被单击了！")
button.on_click(on_button_click)
```

3. RadioButton 控件

在 ipywidgets 中，RadioButton 控件用于创建一组互斥的单选按钮，允许用户在一组选项中选择一个。其使用语法如下：

```
radio_button = widgets.RadioButtons(options,description,disabled,button_
style,layout)
```

参数说明：

- ◆ options：一个列表，指定单选按钮的选项。
- ◆ description：按键上显示的信息。
- ◆ disabled：设置单选按钮组是否可用。当设置为 True 时，所有按钮将变为灰色且用户无法选择。
- ◆ button_style：设置按钮的样式。可以选择 'success'、'info'、'warning'、'danger' 等内置样式。
- ◆ layout：设置单选按钮组的布局，例如宽度和高度。

在完成选择后，可以使用 radio_button.value 参数查看用户的选项。

4. 显示控件

在完成控件的创建后，需要使用 IPython.display 函数使各个控件显示在 Jupyter Notebook 的输出单元格中。

📖 演示体验

代码 1.4 ipywidgets.ipynb 演示了文本控件、按键控件和 RadioButton 控件最简单的使用方法，运行后如图所示 1.5.1 所示，要求用户输入姓名、年龄和选择性别。

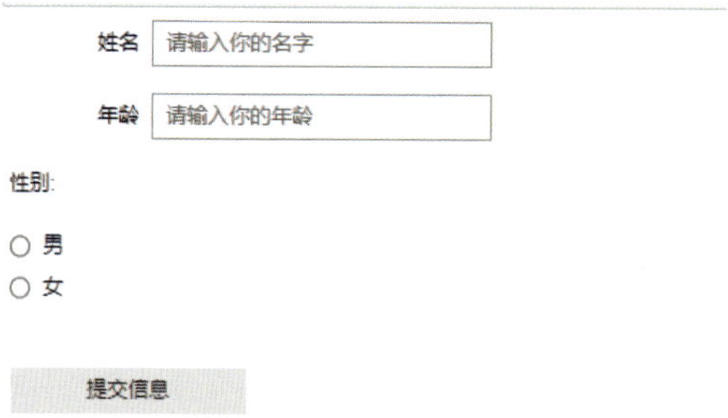

图 1.5.1　图形化界面

在按照要求填入信息后，单击"提交信息"按钮，会把用户输入的信息打印在 Notebook 上，如图 1.5.2 所示。

图 1.5.2　打印输入的信息

代码 1.4 ipywidgets.ipynb

```python
# 导入所需要的库
import ipywidgets as widgets
from IPython.display import display, Image

# 定义一个回调函数, 用于处理 button 控件
def on_button_click(b):
    print("您的姓名是 ", text1.value)
    print("您的年龄是 ", text2.value,'岁 ')
    print("您的性别是 ", radio.value)

# 创建两个文本框控件, 一个用来获取用户的姓名, 另一个用来获取用户的年龄
text1 = widgets.Text(
    value='',
    placeholder='请输入你的名字 ',
    description='姓名 ',
    disabled=False  )

text2= widgets.Text(
    value='',
    placeholder='请输入你的年龄 ',
    description='年龄 ',
    disabled=False  )

# 创建 RadioButton 控件, 用来获取用户的性别
radio = widgets.RadioButtons(
    options=['男 ', '女 '],
    value=None,
    description='性别 :',
    disabled=False  )

# 创建一个 Button 控件
SubmitButton = widgets.Button(description=" 提交信息 ")
# 当按钮被单击时, 调用 on_button_click 函数
SubmitButton.on_click(on_button_click)

# 显示单选按钮控件和按钮控件
display(text1)
display(text2)
display(radio)
display(SubmitButton)
```

📖 **课堂练习**

◆ 练习 1.3：请修改代码, 当用户输入的年龄信息不是数字, 并且数字范围不在 0 ～ 120 时, 系统报错, 显示"请输入正确的年龄"。

1.6 NumPy 库的使用

场景导入

对于计算机来说，存储在其内部的图片就是一个二维或三维数组。所以，对于图像和视频进行处理本质上就是对这个数组进行操作。

当然，这些操作不需要我们手动计算，而是借助 Python 中强大的 NumPy 库。NumPy（Numerical Python）是 Python 中用于科学计算的一个基础包，它提供了一个强大的 N 维数组对象 ndarray，支持大量的维度数组与矩阵运算，并内置了丰富的数学函数库，专为进行严格的数字处理而生。NumPy 库由 Travis Oliphant 于 2005 年创建，目前由社区驱动，是 Python 生态系统中不可或缺的组成部分。

Anaconda 安装时会自动安装 NumPy 库，无须我们再手动下载安装。同样，NumPy 的功能非常强大，我们在这里仅仅介绍几个本书中会用到的方法。

学习目标

（1）学习和了解 NumPy 库的基本功能。

（2）掌握使用 NumPy 创建和操作数组的方法。

知识传递

1. 创建数组——array() 方法

NumPy 创建简单的数组主要使用 array() 方法，通过传递列表、元组来创建 NumPy 数组，其中的元素可以是任何对象，其语法如下：

```
numpy.array(object,dtype,copy,order,subok,ndmin)
```

参数说明：

◆ object：任何具有数组接口方法的对象。

◆ dtype：数据类型。

◆ copy：可选参数，布尔型，默认值为 True，则 object 对象被复制；否则，只有当 __array__ 返回副本，object 参数为嵌套序列，或者需要副本满足数据类型和顺序要求时，才会生成副本。

◆ order：元素在内存中的出现顺序，值为 K、A、C、F。如果 object 参数不是数组，则新创建的数组将按行排列 (C)；如果值为 F，则按列排列；如果 object 参数是一个数组，则以下成立：C(按行)、F(按列)、A(原顺序)、K(元素在内存中的出现顺序)。

◆ subok：布尔型。如果值为 True，则将传递于类，否则返回的数组将强制为基类数组默认值。

◆ ndmin：指定生成数组的最小维数。

2. 创建用 0 或 1 填充的数组——zeros() 和 ones()

创建用 0 填充的数组需要使用 zeros() 方法，该方法创建的数组元素均为 0。OpenCV
经常使用该方法创建纯黑图像。

创建用 1 填充的数组需要使用 ones() 方法，该方法创建的数组元素均为 1。OpenCV
经常使用该方法创建纯掩模、卷积核等用于计算的二维数据。其语法如下：

```
numpy.zeros(shape,dtype=float,order=C)
numpy.ones(shape,dtype=float,order=C)
```

参数说明：

◆ shape：一个整数元组，用于指定数组的形状。

◆ dtype：数据类型。

◆ order：order 参数用于指定数组在内存中的存储顺序，可以是 C（按行存储）或 F
（按列存储），默认为 C。

3. 创建随机数组——randint()

randint() 方法用于生成一定范围内的随机整数数组，为左闭右开区间 ([low,high))，其
语法如下：

```
numpy.random.randint(low,high,size)
```

参数说明：

◆ low：随机数最小取值范围。

◆ high：可选参数，随机数最大取值范围。若 high 为空，则取值范围为 (0,low)；若
high 不为空，则 high 必须大于 low。

◆ size：可选参数，为数组维数。

4. 数组的加减乘除和幂运算

不用编写循环即可对数组内的数据进行批量运算，这就是 NumPy 数组运算的特点，
如图 1.6.1 所示。

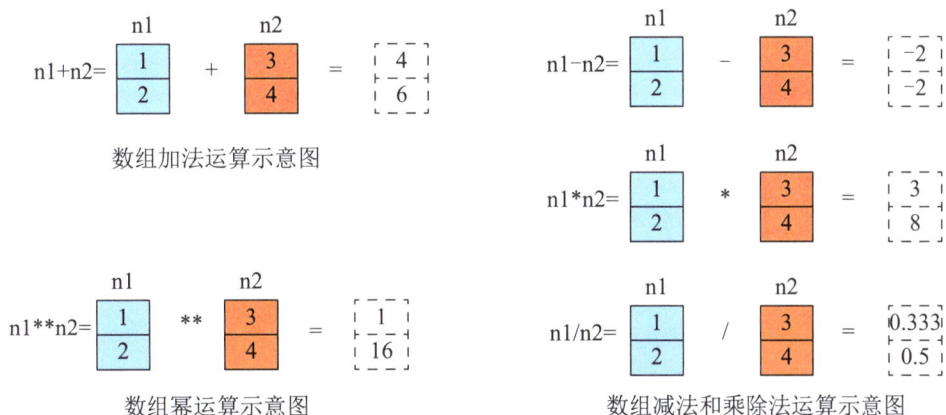

图 1.6.1　数组的加减乘除和幂运算

23

5. 数组的索引和切片操作

NumPy 数组元素是通过数组的索引和切片来访问和修改的，因此索引和切片是 NumPy 中最重要和最常用的操作。

所谓数组索引，即用于标记数组中对应元素的唯一数字，从 0 开始，即数组中的第一个元素的索引是 0，以此类推。NumPy 数组可以使用标准 Python 语法 X[obj] 进行索引，其中 X 是数组，obj 是选择方式。

数组切片可以理解为对数组进行分割，按照等分或者不等分将一个数组切割为多个片段，与 Python 中列表的切片操作一样。NumPy 中的切片用冒号分隔切片参数，其语法如下：

```
[start:stop:step]
```

参数说明：

◆ start：起始索引，若不写任何值，则表示从 0 开始的全部索引。

◆ stop：终止索引，若不写任何值，则表示直到末尾的全部索引。

◆ step：步长。

二维数组索引可以使用 array[n,m] 的方式，用逗号分隔，表示第 n 个数组的第 m 个元素。二维数组也支持切片式索引操作。

📖 **演示体验**

1. 创建数组——array() 方法

```
              代码 1.5  NumPy.ipynb - array() 方法
import numpy as np                        #导入 numpy 模块

n1 = np.array([1,2,3])                    #创建一个简单的一维数组
print("n1 数组是:",n1)
n2 = np.array([0.1,0.2,0.3])             #创建一个包含小数的一维数组
print("n2 数组是:",n2)
n3 = np.array([[1,2],[3,4]])             #创建一个简单的二维数组
print("n3 数组是:",n3)


n1Float = np.array(n1,dtype=float)        #将 n1 数组类型转换为 float
print("n1.float 数组是:",n1Float)
n13D = np.array(n1,ndmin=3)               #将 n1 数组类型转换为三维
print("n1 转换成三维数组是:",n13D)
```

运行结果如下：

```
n1 数组是: [1 2 3]
n2 数组是: [0.1 0.2 0.3]
n3 数组是: [[1 2][3 4]]
n1.float 数组是: [1. 2. 3.]
n1 转换成三维数组是: [[[1 2 3]]]
```

2. 创建用 0 或 1 填充的数组——zeros() 和 ones() 方法

代码 1.5　NumPy.ipynb - zeros() 和 ones() 方法

```
import numpy as np
n1 = np.zeros((3, 3), np.uint8)
print(n1)


n2 = np.ones((3, 3), np.uint8)
print(n2)
```

运行结果如下：

```
[[0 0 0]
 [0 0 0]
 [0 0 0]]
[[1 1 1]
 [1 1 1]
 [1 1 1]]
```

3. 创建随机数组——randint() 方法

代码 1.5　NumPy.ipynb - randint() 方法

```
import numpy as np
n1 = np.random.randint(1, 3, 10)
print('随机生成10个1到3之间且不包括3的整数：')
print(n1)
n2 = np.random.randint(5, 10)
print('size数组大小为空，随机返回一个整数：')
print(n2)
n3 = np.random.randint(5, size=(2, 5))
print('随机生成5以内的二维数组')
print(n3)
```

运行结果如下（注意是随机值，所以你得到的数据和下面不一样）：

```
随机生成10个1到3之间且不包括3的整数：
[1 1 1 1 1 1 1 1 1 2]
size数组大小为空，随机返回一个整数：
8
随机生成5以内的二维数组
[[2 3 2 3 1]
 [1 4 3 3 1]]
```

4. 数组的加减乘除和幂运算

代码 1.5　NumPy.ipynb - 加减乘除幂操作

```
import numpy as np
n1 = np.array([1, 2])        # 创建一维数组
n2 = np.array([3, 4])
print("加法结果：",n1 + n2)   # 加法运算
print("减法结果：",n1 - n2)   # 减法运算
```

```
print(" 乘法结果:",n1 * n2)    # 乘法运算
print(" 除法结果:",n1 / n2)    # 除法运算
print(" 幂结果:",n1**n2)      # 幂运算
```

运行结果如下:

```
加法结果: [4  6]
减法结果: [-2 -2]
乘法结果: [3  8]
除法结果: [0.33333333 0.5]
幂结果: [ 1 16]
```

5. 数组的索引和切片操作

代码 1.5　NumPy.ipynb - 索引和切片操作
```
import numpy as np


n1=np.array([1,2,3])          # 创建一维数组
print(n1[0])                  # 索引位置 0 上的数据,输出是 1
print(n1[1])                  # 输出是 2
print(n1[0:2])                # 输出是 [1,2]
print(n1[1:])                 # 输出是 [2,3]
print(n1[:2])                 # 输出是 [1,2]


# 创建 3 行 4 列的二维数组
n = np.array([[0, 1, 2, 3], [4, 5, 6, 7], [8, 9, 10, 11]])
print("n[1] 是:",n[1])         # 输出是 [4 5 6 7]
print("n[1,2] 是:",n[1, 2])    # 输出是 6
print("n[-1] 是:",n[-1])       # 输出是 [ 8 9 10 11]


# 创建 3 行 3 列的二维数组
n = np.array([[1, 2, 3], [4, 5, 6], [7, 8, 9]])
print("n[:2,1:] 是:",n[:2, 1:]) # 输出是 [[2 3] [5 6]]
print("n[1,:2] 是:",n[1, :2])   # 输出是 [4 5]
print("n[:2,2] 是:",n[:2, 2])   # 输出是 [3 6]
print("n[:,:1] 是:",n[:, :1])   # 输出是 [[1][4][7]]
```

运行结果如下:

```
1
2
[1 2]
[2 3]
[1 2]
n[1] 是:[4 5 6 7]
n[1,2] 是: 6
n[-1] 是: [ 8 9 10 11]
n[:2,1:] 是:[[2 3]
```

```
  [5 6]]
n[1,:2]是:[4 5]
n[:2,2]是:[3 6]
n[:,:1]是:[[1]
 [4]
 [7]]
```

📖 **课堂练习**

- 练习 1.4：使用 zeros() 方法创建一个 300×300 的数组，然后使用 cv2.imshow() 方法显示这个数组。

- 练习 1.5：使用 randint() 方法创建一个 300×300×3 的三维数组，数组内每个元素的取值范围是 0 ～ 255，然后使用 cv2.imshow() 方法显示这个数组。

第 2 章
图像数字化

如果成功地完成第 1 章最后的课堂练习 1.5，我们会惊奇地发现，竟然可以使用 OpenCV 提供的 cv2.imshow() 方法打开一个 NumPy 下用 randint() 方法创建的三维数组，并显示一张类似于图 2.1 所示的雪花图片。

为什么会是这个样子？

因为对于计算机来说，一张彩色图片就是一个三维数组，一张黑白图片就是一个二维数组。

我们在本章来学习和探究关于图像数字化的更多知识吧。

图 2.1　练习 1.5 的运行结果

2.1　图像的基本属性

场景导入

请读者找到本书配套源码本章目录下的 hat_bgr.png 图片，将鼠标移动到图片上并右击选择"属性"选项，如图 2.1.1（左）所示。单击选择上方的"详细信息"标签，如图 2.1.1（右）所示。

这里看到的各项信息就是一张图片的属性，本节将介绍这些属性分别代表什么。

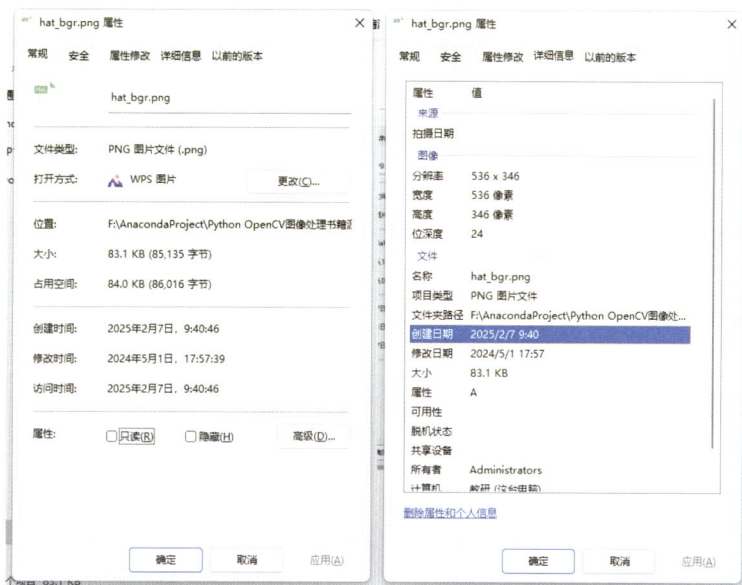

图 2.1.1　图片的属性

学习目标

（1）学习常见的图片文件格式。

（2）学习像素、分辨率和位深度属性的概念。

（3）学会使用 OpenCV 库编写程序，并获取图片的属性。

知识传递

1. 常见的图片格式

首先我们看一下"文件类型"这个属性，前文使用的 hat_bgr.png 文件从后缀或者属性中可以看出它是一张 PNG 格式的图片。除了 PNG 格式图片外，其他几种常见的图片格式和各自特点如表 2.1 所示。

表 2.1　不同格式的图片

图片格式	特　点	优　点	缺　点
BMP	原始图片，无压缩，文件大，适合存储高质量图像	图像质量高，无压缩损失	文件大，不适合网络传输
PNG	无损压缩，支持透明背景，适合存储图形和图标。在 2.4 节会介绍透明背景	图像质量高，支持透明度和多级透明度	文件较大，不适合存储照片
JPEG/JPG	有损压缩，文件较小，适合存储照片和复杂图像	压缩率高，节省存储空间	压缩会损失部分图像质量，不支持透明背景
GIF	支持动画和透明背景，颜色限制在 256 色	适合简单动画和小图标	颜色有限，不适合复杂图像
TIFF	支持无损压缩和多页文档，适合专业图像处理	图像质量高，支持多种压缩方式	文件大，兼容性差

在以上这些图片格式中，BMP 是原始图片，PNG 和 JPG 是我们经常看到的图片格式，它们都对原始图片进行了压缩以节省空间。

在本节的演示体验中，会横向对比 3 种图片格式。

2. 像素和分辨率

像素（Pixel）是数字图像的最小单位。每个像素是一个小的方形或点，包含特定的颜色信息。

使用 Windows 系统自带的画图工具打开配套代码本章目录下的 snow.png 图片（练习 1.5 的生成图片）。调整缩放比例到 200%，如图 2.1.2 所示，可以明显地看到，这张图片是由一堆密密麻麻的不同颜色的小方块组成的，我们看到的每一个小方块就是一个像素。

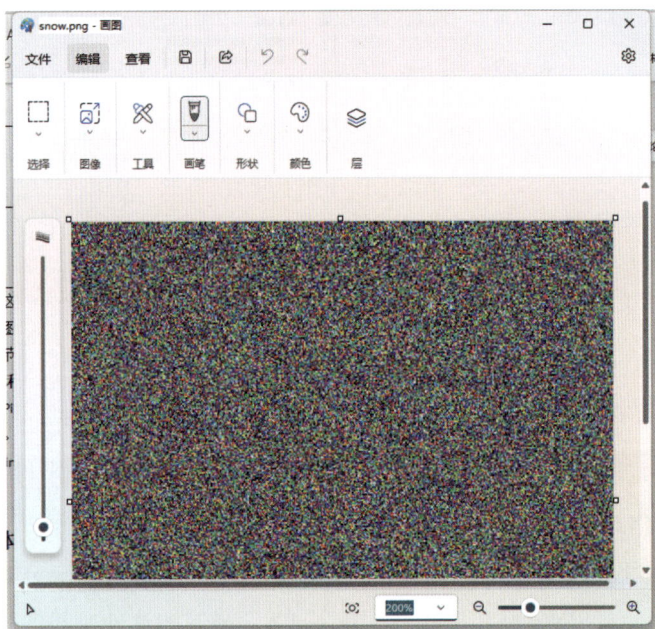

图 2.1.2　放大显示 snow.png

分辨率是指图像或显示设备中像素的密度，通常用每单位长度内的像素数量来表示。分辨率决定了图像的清晰度和打印质量。我们可以简单地将其理解为图片里所含像素的数量，如图 2.1.1 所示，图片 hat_bgr.png 的分辨率是 536×346（宽度 536 像素，高度 346 像素），则该图片总共由 185456 个像素点组成。

3. 位深度

位深度是指图像中每个像素所使用的比特数，用于表示图像中每个像素可以表示的颜色或灰度级别的数量。位深度是衡量图像色彩丰富度和质量的重要指标。具体来说，位深度决定了每个像素能够表达的颜色范围或灰度级别。位深度越高，每个像素可以表示的颜色或灰度级别就越多，图像的色彩细节和灰度精度就越高，从而图像的细节也会越丰富。

对于初学者来说，这个概念需要和 2.3 节色彩空间一起理解。在此，只需知道本例所使用的 hat_bgr.png 和 snow.png 图片都是 RGB 三原色图片，每个像素点包含 3 字节

（Byte），也就是 24 位比特（bit），所以两张图片的位深度都是 24。

4. 图片大小

图片大小这个概念很好理解，就是一张图片在计算机中占用多少空间。

但是这里希望读者考虑的是：如前文所述，hat_bgr.png 这张图片的分辨率是 536×346，也就是有 185456 个像素点，每个像素点又由 3 字节（Byte）组成，通过计算 185456×3B=556368B ≈ 543KB，图片大小应该是 543KB，但图 2.1.1 中显示这张图片只有 83.1KB，这是为什么？

让我们带着这个问题进入接下来的演示环节吧。

📖 **演示体验**

1. 在计算机中，图片就是数组

如本章开头所介绍的，在计算机中，图片就是数组，一张黑白图片就是二维数组，一张彩色图片就是三维数组。在这里，我们以代码的形式体验一下，依次运行代码 2.1 AttributeOfPicture.ipynb 的 "1. 在计算机中，图片就是数组" 部分的代码，观察返回结果。

为节省篇幅，导入各种库的代码就不在下文中体现了。

```
代码 2.1 AttributeOfPicture-Cell 2
#创建10×10的每个元素的值都是0的二维数组
n1 = np.zeros((10, 10), np.uint8)
print(n1)        #打印数组
show_img(n1)  #将这个数组以图片形式显示出来
```

程序运行结果首先会打印出一个 10×10 的元素全是 0 的二维数组，如图 2.1.3（左）所示，然后显示一张全黑的图片，如图 2.1.3（右）所示。

对于计算机而言，一张黑白图是以一个二维数组的形式存储的。数组中的每个元素就是一个像素，元素值就是该像素点的颜色值，0 代表黑色，255 代表白色。

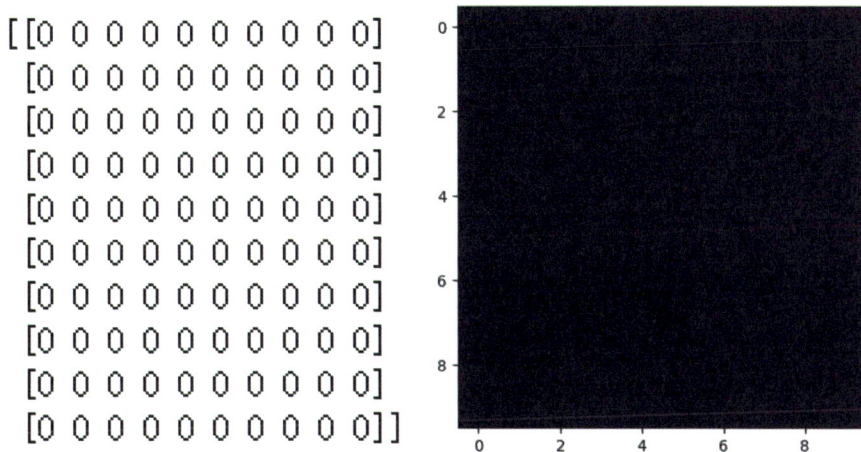

图 2.1.3　10×10 大小的二维数组

```
                代码 2.1 AttributeOfPicture-Cell 3
# 创建一个 10×10×3 的三维数组，数组内每个元素值都是 0~255 的随机值
n2 = np.random.randint(0,256, size=(10, 10,3),dtype=np.uint8)

print(n2)        # 将数组打印出来
show_img(n2)     # 将数组以图片形式显示出来
```

运行结果打印出来一个大小为 10×10×3 的三维数组，数组中每个元素都是 0 ~ 255 的随机数，如图 2.1.4（左）所示（未显示全），并且打印出一个全部都是彩色格子的图片，如图 2.1.4（右）所示。

对于计算机而言，一张彩色图片是以一个 X×Y×3 大小的三维数组形式存储的。该图片共有 X 列（宽度）×Y 行（高度）个像素点，每个像素点又包含 3 个数值以代表自己的颜色。

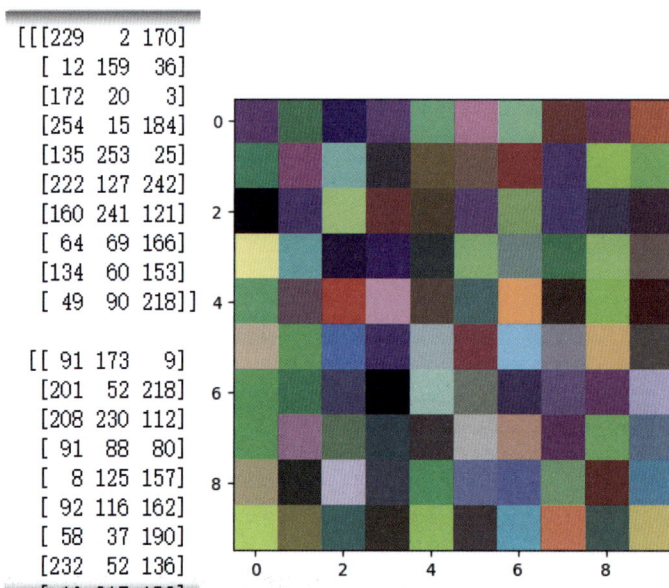

图 2.1.4　10×10×3 大小的三维数组

2. 图片格式

运行代码 2.1 AttributeOfPicture.ipynb 中的 "2. 图片格式" 部分的代码，观察返回结果，会在代码所在目录分别新生成 new_hat.bmp、new_hat.jpg 和 new_hat.png 这 3 种格式的图片。如图 2.1.5 所示，对比 3 种格式图片的大小，会发现 BMP 图片最大，PNG 图片次之，JPG 图片最小。

与此同时，BMP 图片的大小是 544KB，与我们之前计算的结果相同，说明它是没有进行过压缩的原始图片，而 PNG 和 JPG 图片都经过了格式压缩。

```
            代码 2.1 AttributeOfPicture-2. 图片格式
# 导入 OpenCV 库
import cv2
```

```
image = cv2.imread("hat_bgr.png") # 读取 hat_bgr.png
cv2.imshow("hat", image)          # 在名为 hat 的窗口中显示图片
cv2.waitKey()                     # 窗口将一直显示图像，等价于 cv2.waitKey(0)
cv2.destroyAllWindows()           # 销毁所有窗口

# 保存不同格式的图片在本目录下
cv2.imwrite("./new_hat.png", image)
cv2.imwrite("./new_hat.jpg", image)
cv2.imwrite("./new_hat.bmp", image)
```

名称	日期	类型	大小	标记
.ipynb_checkpoints	2025/2/7 9:45	文件夹		
2.1 AttributesOfPi...	2025/2/7 9:45	Jupyter 源文件	21 KB	
hat_bgr.png	2024/5/1 17:57	PNG 图片文件	84 KB	
new_hat.bmp	2025/2/7 11:09	BMP 图片文件	544 KB	
new_hat.jpg	2025/2/7 11:09	JPG 图片文件	48 KB	
new_hat.png	2025/2/7 11:09	PNG 图片文件	201 KB	
snow.png	2025/2/6 16:18	PNG 图片文件	265 KB	

图 2.1.5　生成 3 种格式的图片文件

3. 获取图片属性

运行代码 2.1 AttributesOfPicture.ipynb 中的"3. 获取图片属性"部分的代码，会像在 Windows 上右击获取图片属性一样获取图片的常用属性。

代码 2.1 AttributesOfPicture-3. 获取图片属性

```
# 导入 OpenCV 库
import cv2

image = cv2.imread("hat_bgr.png") # 读取 hat_bgr.png
print("图片的属性")
print("图片的尺寸：",image.shape)
print("图片的字节总数：",image.size)
print("图片的数据类型：",image.dtype)
```

运行结果如下：

```
图片的属性
图片的尺寸：(346, 536, 3)
图片的字节总数：556368
图片的数据类型：uint8
```

📋 **课堂练习**

◆ 练习 2.1：请根据所学知识，修改代码 2.1 AttributesOfPicture-Cell 2，生成一张 10×10 大小的黑白格相间的图片，如图 2.1.6 所示。

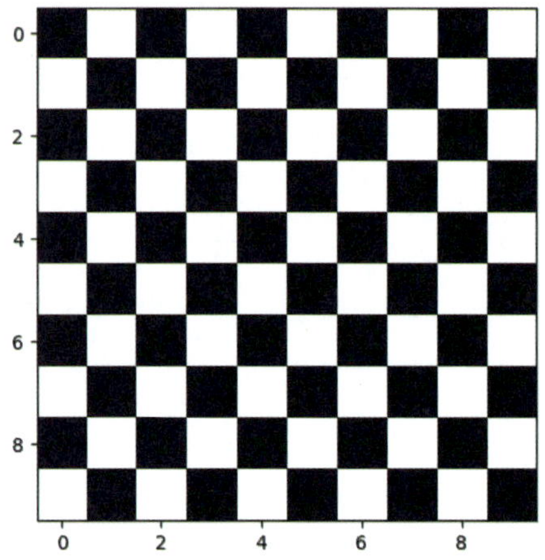

图 2.1.6　练习 2.1 的期望结果

2.2　视频的基本属性

场景导入

请读者找到本书配套源码本章目录下的 snowball.mp4 视频文件，将鼠标移动到文件上并右击，选择"属性"选项，如图 2.2.1（左）所示。单击上方的"详细信息"标签，如图 2.2.1（右）所示。

这里看到的各项信息就是一个视频文件的属性，本节将介绍视频的几个主要属性的含义。

图 2.2.1　视频属性窗口

（1）了解常用的视频存储格式。

（2）了解和学习视频文件各种属性的含义。

（3）编程获取视频文件的属性。

1. 视频格式类型

本例所使用的视频是 MP4 格式视频，目前常用的视频格式的各自特点如表 2.2 所示。

表 2.2　常见视频格式及其特点

视 频 格 式	优　　点	缺　　点
MP4(MPEG-4 Part 14)	广泛兼容，支持大多数设备和平台 压缩效率高，文件较小，同时保持较好的画质 支持视频、音频、字幕和元数据	有损压缩，可能会损失一些画质 不适合专业视频编辑（原始数据可能被压缩）
AVI(Audio Video Interleave)	支持多种编解码器，灵活性高 支持无损压缩选项，适合保存高质量视频	文件较大，不适合网络传输 兼容性较差，某些设备可能不支持
WMV (Windows Media Video)	高压缩率，文件较小 适合 Windows 平台和网络流媒体	画质较差，尤其是在高压缩率下 兼容性较差，对非 Windows 设备支持有限
MKV (Matroska Video)	支持多种视频、音频和字幕流，适合存储复杂内容 开源格式，灵活性高 支持无损压缩和高画质	文件较大 部分设备（如某些电视或播放器）不支持
MOV	高质量视频，适合专业视频编辑 支持多种编解码器和多媒体内容	文件较大 主要适用于苹果生态系统，其他平台兼容性较差

2. 帧和帧速率

我们在第 1 章已经接触过"帧"这个概念。

帧（Frame）是视频中的单幅静态图像，是构成视频的基本单位。视频本质上是由一系列连续的帧快速播放而成的。每一帧都是一张独立的图像，包含完整的画面信息。当帧以一定速度连续播放时，由于视觉暂留原理，人眼会感知到动态画面。帧的数量决定了视频的长度和流畅度。

帧宽度就是单幅静态图片的宽度，帧高度就是单幅静态图片的高度。

帧速率（Frame Rate）是指每秒显示的帧数，表示视频中帧的播放速度（表 2.3）。

帧速率决定了视频的流畅度。帧速率越高，视频看起来越流畅；帧速率太低，视频可能会显得卡顿。

常见的帧速率单位是 FPS（Frames Per Second），即每秒帧数。

表 2.3　帧速率的选择取决于视频的用途

帧　速　率	用　　途
24 FPS	电影行业标准，具有电影感
30 FPS	电视和网络视频的常见标准，可以平衡流畅度和文件大小
60 FPS	适合高速运动场景（如体育赛事、游戏视频），画面更流畅
120 FPS 或更高	用于超流畅视频或慢动作拍摄

另外，知道了视频的时长和帧速率，就能计算出一个视频中一共有多少帧。例如，一个 1 分钟的视频，帧速率为 30 FPS，则总帧数为 30 FPS×60 秒 =1800 帧。

3. 数据速率、总比特率和比特率

如图 2.2.1 所示，在视频属性的详细信息界面中，我们可以看到数据速率、总比特率和比特率（音频）3 个同样是以 kbps 结尾的参数。数据速率是这个视频图像部分单位时间的数据量，比特率则是声音部分单位时间的数据量，总比特率正好等于两者相加。

4. 使用 OpenCV 提供的方法获取视频属性

在 OpenCV 中，打开 VideoCapture() 创建一个视频对象 video 后，可以使用 get() 方法获取该视频的属性。get() 方法的语法格式如下：

```
retval = video.get(propId)
```

参数说明：

◆ retval：获取与 propId 对应的属性值。

◆ propId：视频文件的属性值，常用的可选参数如表 2.4 所示。

表 2.4　视频属性 propId 的常用值及含义

propId 可选的属性值	含　　义
CV2.CAP_PROP_POS _MSEC	视频文件播放时的当前位置（单位 :ms）
CV2.CAP_PROP_POS_FRAMES	帧的索引，从 0 开始
CV2.CAP_PROP_POS _AVI_RATION	视频文件的相对位置（0 表示开始播放，1 表示结束播放）
CV2.CAP_PROP_FRAME_WIDTH	视频文件的帧宽度
CV2.CAP_PROP_FRAME_HEIGHT	视频文件的帧高度
CV2.CAP_PROP_FPS	帧速率
CV2.CAP_PROP_FOURCC	用 4 个字符表示的视频编码格式（表 2.5）
CV2.CAP_PROP_FRAME_COUNT	视频文件的帧数

这里需要注意的是，我们无法直接获取一个视频的总时长，而是需要通过 CV2.CAP_PROP_FRAME_COUNT 和 CV2.CAP_PROP_FPS 两个参数相除计算获得。

表 2.5　FOURCC 4 个字符表示的视频编码格式

fourcc 的值	视频编码格式	文件扩展名
['H','2','6','4']	H.264 编码器	mp4 等
['I','4','2','0']	未压缩的 YUV 颜色编码格式，兼容性好，但文件较大	avi 等
['P','I','M','I']	MPEG-1 编码格式	avi 等
['X','V','I','D']	MPEG-4 编码格式，视频文件的大小为平均值	avi 等

5. 保存视频文件

我们在第 1 章介绍 OpenCV 的基础操作时，曾说过打开视频和播放视频的方法，但是当时没有介绍如何保存一个视频，在对视频的属性有了解后，此时我们可以来学习保存（生成）视频的方法了。

此时需要用到 OpenCV 提供的 VideoWriter 类。VideoWriter 类中的常用方法包括 VideoWriter 类的构造方法、write() 方法和 release() 方法。

首先需要用 VideoWriter 类的构造方法创建 VideoWriter 类对象，其语法格式如下：

```
outputVideo =cv2.videoWriter(filename,fourcc, fps,frameSize)
```

参数说明：

◆ outputVideo：VideoWriter 类对象。

◆ filename：保存视频时的路径（含有文件名）。

◆ fourcc：用 4 个字符表示的视频编码格式。

◆ fps：帧速率。

◆ frameSize：每帧的大小。这个大小不能随意指定，而是要与帧的宽和高相同。

另外，需要使用 cv2.VideoWriter_fourcc() 方法将表 2.5 中的 4 个字母转换成 1 个整数传递给 cv2.videoWriter() 方法。例如：fourcc =cv2.VideoWriter_fourcc('X','V','T','D')。

其次，在完成 cv2.videoWriter() 对象的创建后，需要使用 VideoWriter 类提供的 write() 方法将帧写入创建好的 VideoWriter 类对象，其语法格式如下：

```
outputVideo.write(frame)
```

参数说明：

◆ frame：读取到的帧。

最后，当不需要使用 VideoWriter 类对象时，需要将其释放。为此，VideoWriter 类提供了 release() 方法，其语法格式如下：

```
outputVideo.release()
```

📖 **演示体验**

1. 获取视频属性

运行代码 2.2 AttributesOfVideo.ipynb 中的"1. 获取视频属性"部分，学习如何通过编写程序获取视频属性。

```
              代码 2.2 AttributesOfVideo.ipynb-1. 获取视频属性
# 导入 OpenCV 库
import cv2

video = cv2.VideoCapture("snowball.mp4 ") # 打开视频文件

fps = video.get(cv2.CAP_PROP_FPS) # 获取视频文件的帧速率
frame_Count = video.get(cv2.CAP_PROP_FRAME_COUNT) # 获取视频文件的帧数
frame_Width = int(video.get(cv2.CAP_PROP_FRAME_WIDTH)) # 获取视频文件的帧宽度
frame_Height = int(video.get(cv2.CAP_PROP_FRAME_HEIGHT)) # 获取视频文件的帧高度

frame_pos_msec = video.get(cv2.CAP_PROP_POS_MSEC)  # 获取视频文件播放时
# 的当前位置 ( 单位 :ms)
frame_pos_frame = video.get(cv2.CAP_PROP_POS_FRAMES) # 获取帧的索引，从 0 开始
# 输出获取的属性值
print(" 帧速率 :", fps)
print(" 帧数 :", frame_Count)
print(" 帧宽度 :", frame_Width)
print(" 帧高度 :", frame_Height)
```

运行结果如下：

```
帧速率： 9.547619047619047
帧数： 401.0
帧宽度： 784
帧高度： 584
```

2.VideoWrite() 方法演示

运行代码 2.2 AttributesOfVideo.ipynb 中的"2.VideoWriter"部分，该段代码会打开目录下的 snowball.mp4，然后从视频中读取每一帧，并将其写入 copy.avi 文件。运行完成后，会在目录下生成一个名为 copy.avi 的新视频。

```
              代码 2.2 AttributesOfVideo.ipynb-2.VideoWriter
import cv2

video = cv2.VideoCapture("snowball.mp4") # 打开视频文件
fps = video.get(cv2.CAP_PROP_FPS) # 获取原视频文件的帧速率

# 获取原视频文件的帧大小
size = (int(video.get(cv2.CAP_PROP_FRAME_WIDTH)),
        int(video.get(cv2.CAP_PROP_FRAME_HEIGHT)))
fourcc = cv2.VideoWriter_fourcc('X', 'V', 'I', 'D') # 确定视频被保存后的编码格式
output = cv2.VideoWriter("copy.avi", fourcc, fps, size) # 创建 VideoWriter 类对象
while (video.isOpened()): # 视频文件被打开后
    retval, frame = video.read() # 读取视频文件
    if retval == True: # 读取视频文件后
        output.write(frame) # 在 VideoWriter 类对象中写入读取的帧
```

```
        else:
            break
print("新的视频已经保存为 PyCharm 当前项目路径下的 copy.avi。")  # 控制台输出提示信息
video.release()  # 关闭视频文件
output.release()  # 释放 VideoWriter 类对象
```

课堂练习

修改代码 2.2 AttributesOfVideo.ipynb-2.VideoWriter 中 fps 的值，将其固定为 5,20,40，观察新生成的 copy.avi 视频有什么不同，深度理解帧速率的作用。

2.3 色彩空间

场景导入

在图像处理中，"色彩空间"是一个核心概念，它用于描述和定义色彩范围。色彩空间又称作"色域"，在色彩学中用来表示某一色彩的坐标系统所能定义的色彩范围。人们建立了多种色彩模型，这些模型以一维、二维、三维甚至四维空间坐标的形式来表示某一色彩。色彩空间就是基于这些色彩模型定义的，它决定了在特定条件下可以表现和区分的色彩数量及种类。

其实在之前的篇章中，我们已经多次接触到了色彩空间，如 2.1 节曾经说过"对于计算机而言，一张彩色图片是以一个 X×Y×3 大小的三维数组形式存储的。该图片共有 X 列（宽度）×Y 行（高度）个像素点，每个像素点又包含 3 个数值来代表自己的颜色。"那么，这 3 个数值是怎么定义的呢？各代表什么颜色呢？这就是在色彩空间这个概念中定义的。

常见的色彩空间有很多种，包括 GRAY 色彩空间、RGB 色彩空间、CMYK 色彩空间、HSV 色彩空间等。

本节仅介绍本书会用到的 GRAY 色彩空间和 RGB 色彩空间。

学习目标

（1）学习和了解 GRAY 色彩空间和 RGB 色彩空间。
（2）学习图片在 GRAY 色彩空间和 RGB 色彩空间之间转换的方法。

知识传递

1. GRAY 色彩空间

GRAY 色彩空间是一种单色图像色彩空间，每个像素的颜色值表示其灰度级别。灰度图像中的每个像素都是从黑到白的不同程度的灰色，如图 2.3.1 所示。通常，GRAY 色彩空间使用 1 个**通道** 8 位（1 字节）表示灰度值，因此有 256 个灰度级别，灰度值的范围是 [0, 255]。0 表示纯黑色，255 表示纯白色，中间的数值表示不同程度的灰色。像素值越低，

灰色越深。

图 2.3.1　灰度渐近图，从纯白色（255）到纯黑色（0）

2. RGB 色彩空间和 BGR 色彩空间

RGB 色彩空间是图像处理和数字显示技术中最为基础且广泛应用的色彩表示方法之一。

RGB 色彩空间由红（Red）、绿（Green）和蓝（Blue）3 种基本颜色组成。这 3 种颜色是光的三原色，它们以不同的强度组合可以混合出人眼所能感知的几乎所有颜色。在 RGB 色彩模型中，每个颜色都可以看作由红、绿、蓝 3 个**通道**的不同亮度值叠加而成的（图 2.3.2）。

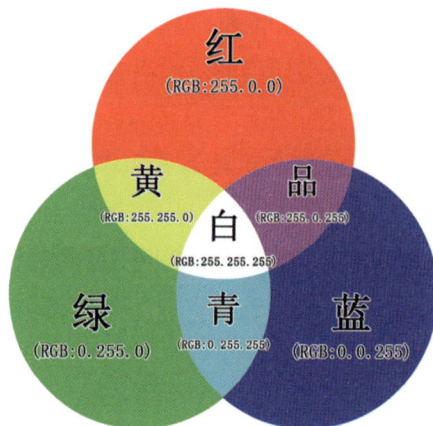

图 2.3.2　RGB 三原色混合出其他颜色

在计算机中，一张 RGB 色彩空间的彩色图片的每个像素点都由 3 字节组成，每个字节的范围是 0 ～ 255。这 3 字节分别按顺序对应红、绿、蓝 3 个颜色的亮度值。因此，RGB 色彩空间可以表示约 1677 万种颜色（256^3 种）。

BGR 色彩空间的概念和 RGB 色彩空间一模一样，只不过在进行元素点数据存储时，3 字节分别存储蓝、绿、红 3 种颜色的亮度值。

特别需要注意的是，OpenCV 是按 BGR 色彩空间打开并显示图片的，而 Matplotlib 则是按 RGB 色彩空间打开并显示图片的。于是便涉及 BGR 和 RGB 之间的转换。

3.cvtColor() 方法

因为有了这么多种不同的色彩空间，所以 OpenCV 提供了 cvtColor() 方法，用于转换图像的色彩空间，其语法如下：

```
dst=cv2.cvtColor (src, code)
```

参数说明：

◆ dst：转换后的图像。

◆ src：转换前的初始图像。

◆ code：色彩空间转化码，见表 2.6。

表 2.6　色彩空间转化码

转 化 码	含 义
cv2.COLOR_BGR2GRAY	从 BGR 色彩空间转换到 GRAY 色彩空间
cv2.COLOR_RGB2GRAY	从 RGB 色彩空间转换到 GRAY 色彩空间
cv2.COLOR_BGR2RGB	从 BGR 色彩空间转换到 RGB 色彩空间
cv2.COLOR_RGB2BGR	从 RGB 色彩空间转换到 BGR 色彩空间

📖 **演示体验**

1.GRAY 色彩空间

运行代码 2.3 ColorSpace.ipynb 中的 "1.Gray 色彩空间" 的 Cell 1，会弹出一个灰白渐进的图片，如图 2.3.3 所示。

代码 2.3 ColorSpace.ipynb-1.Gray 色彩空间 Cell 1

```python
# 创建一个灰度空间渐近图案
# 导入 OpenCV 库
import cv2
# 导入 numpy 库
import numpy as np

# 创建 100×256 的二维数组
# 数组中，每一列的值都相等，每一行的值从 255 递减到 0
n1 = np.zeros((100, 256), np.uint8)
for i in range(100):
    for j in range(256):
                n1[i][j]=j

cv2.imshow('gray', n1)
cv2.waitKey()  # 窗口将一直显示图像，等价于 cv2.waitKey(0)
cv2.destroyAllWindows()  # 销毁所有窗口
```

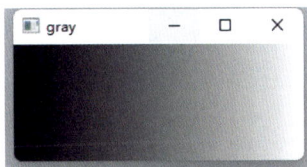

图 2.3.3　灰白渐近图片

运行代码 2.3 ColorSpace.ipynb 中的 "1.Gray 色彩空间" 的 Cell 2，程序将彩色帽子图

片转换成了黑白图片，如图 2.3.4 所示。

```
           代码2.3 ColorSpace.ipynb-1.Gray 色彩空间 Cell 2
# 读取 hat_bgr.png, 此时 OpenCV 图区的彩色图片以 BGR 的顺序存储在 image 变量中
BGR_image = cv2.imread("hat_bgr.png")
# 使用 cvtColor() 方法将 BGR 图片转换成 RGB 图片
GRAY_image=cv2.cvtColor(BGR_image,cv2.COLOR_BGR2GRAY)
cv2.imshow('grayhat', GRAY_image)
cv2.waitKey() # 窗口将一直显示图像, 等价于 cv2.waitKey(0)
cv2.destroyAllWindows() # 销毁所有窗口
```

图 2.3.4 转换成黑白照片

2. RGB 和 BGR 色彩空间

运行代码 2.3 ColorSpace.ipynb 中的"2.RGB 和 BGR 色彩空间"的 Cell 1，使用 OpenCV 读取并显示图片，此时图片颜色的顺序是正确的，如图 2.3.5 所示

```
           代码2.3 ColorSpace.ipynb-2.RGB 和 BGR 色彩空间-Cell 1
# 读取 RGB.jpg, 此时 OpenCV 图区的彩色图片以 BGR 的顺序存储在 image 变量中
BGR_image = cv2.imread("RGB.jpg")
# 使用 OpenCV 的 imshow() 方法显示图片颜色是对的
cv2.imshow('RGB', BGR_image)
cv2.waitKey() # 窗口将一直显示图像, 等价于 cv2.waitKey(0)
cv2.destroyAllWindows() # 销毁所有窗口
```

图 2.3.5 使用 OpenCV 显示图片

42

运行代码 2.3 ColorSpace.ipynb 中的"2.RGB 和 BGR 色彩空间"的 Cell 2, 使用 Matplotlib 的 imshow() 方法显示 OpenCV 读取图片, 此时红、绿、蓝的顺序正好显示反了, 如图 2.3.6 所示。

代码 2.3 ColorSpace.ipynb-2.RGB 和 BGR 色彩空间 -Cell 2

```
# 导入 pyplot
import matplotlib.pyplot as plt
# 使用 matplotlib 的 imshow() 方法显示图片, 颜色不对
plt.imshow(BGR_image)
```

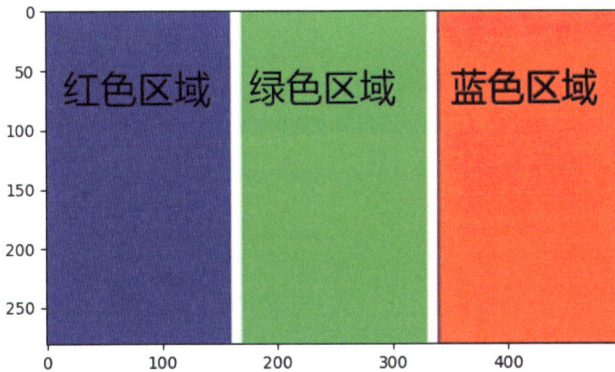

图 2.3.6　使用 Matplotlib 直接显示图片颜色顺序会颠倒

运行代码 2.3 ColorSpace.ipynb 中的"2.RGB 和 BGR 色彩空间"的 Cell 3, 使用 cvtColor(BGR_image,cv2.COLOR_BGR2RGB) 方法颠倒图片中颜色的顺序, 再用 Matplotlib 的 imshow() 方法显示图片, 即可正确显示, 如图 2.3.7 所示。

代码 2.3 ColorSpace.ipynb-2.RGB 和 BGR 色彩空间 -Cell 3

```
# 使用 cvtColor() 方法将 BGR 图片转换成 RGB 图片
RGB_image=cv2.cvtColor(BGR_image,cv2.COLOR_BGR2RGB)
# 这次显示颜色正确了
plt.imshow(RGB_image
```

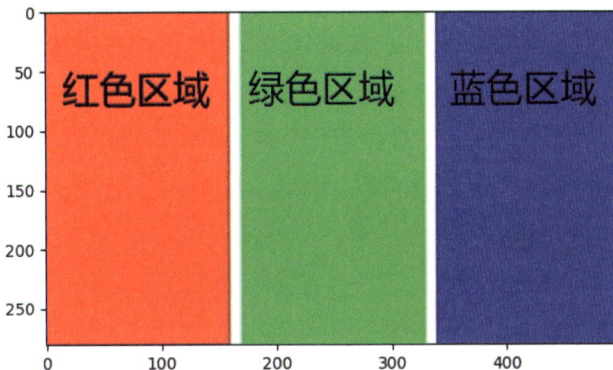

图 2.3.7　使用 Matplotlib 正确显示图片颜色

代码 2.3 ColorSpace.ipynb-2.RGB 和 BGR 色彩空间的 Cell 4 中有一个之后我们会经

常用到的自定义函数——show_img()，它其实就是将 OpenCV 读取的 BGR 图像转换成了 RGB 图像，这样就可以使用 Matplotlib 的 imshow() 方法显示出来了。

```
          代码 2.3 ColorSpace.ipynb-2.RGB 和 BGR 色彩空间 -Cell 4
# 我们在之后的实验中会经常用到这个函数，它的本质就是将 OpenCV 读取的 BGR 图像转成 RGB 图像
# 这样就可以用 Matplotlib 正常显示了
def show_img(bgr):
    # 将 BGR 格式的图像转换为 RGB 格式
    rgb = cv2.cvtColor(bgr, cv2.COLOR_BGR2RGB)
    # 用 Matplotlib 显示图像
    plt.imshow(rgb)


show_img(BGR_image)
```

2.4 通道

场景导入

在 2.3 节的情景导入中曾经提到"GRAY 色彩空间使用 1 个**通道** 8 位（1 个字节）表示灰度值"以及"在 RGB 色彩模型中，每个颜色都可以看作由红、绿、蓝三个**通道**的不同亮度值叠加而成的"。

"通道"这个概念听上去专业复杂，它的官方解释是"数字图像中存储不同类型信息的灰度图像"。这个解释也较难理解。但其实，现在我们只需知道一张图片是由几种"原色"构成的就是几通道即可。

学习目标

（1）学习和掌握拆分通道和合并通道的方法。

（2）学习和了解 BGRA 四通道图像。

知识传递

1. 拆分通道——split() 方法

OpenCV 中提供的 split() 方法用于将多通道图像进行拆解，其语法如下：

```
b,g,r = cv2.split(bgr_image)
```

参数说明：

◆ b：B 通道图像。

◆ g：G 通道图像。

◆ r：R 通道图像。

◆ bgr_image：一幅 BGR 图像。

2. 合并通道——merge() 方法

有拆分就会有合并。OpenCV 提供的 merge() 方法用于合并 3 个单独 B 通道、G 通道

和 R 通道图像以形成一张 BGR 三通道图像。此时，务必注意输入参数 B、G、R 通道的顺序。merge() 方法的语法如下：

```
bgr = cv2.merge([b,g,r])
```

参数说明：

◆ bgr：按 B → G → R 的顺序合并通道后得到的图像。

◆ b：B 通道图像。

◆ g：G 通道图像。

◆ r：R 通道图像。

3. BGRA 四通道图像

此部分是本节的重点。

请大家回忆 1.1 节中演示抠图之后的图片插入 PPT，就不再会有讨厌的白边了。

这就是 BGRA 四通道的功劳。BGRA 是 Blue-Green-Red-Alpha 的缩写，表示蓝色、绿色、红色和透明度 4 个通道。Alpha 通道的值通常是 0 ～ 255。0 表示完全透明，255 表示完全不透明，中间的值表示不同程度的半透明度。

需要注意的是，PNG 是一种支持透明度的图像格式，可以保存为 BGRA 格式。而 JPEG 格式不支持透明度，只能保存为 RGB 或 BGR 格式。所以我们只能将 BGRA 四通道图像保存成 PNG 格式。

想要得到一个 BGRA 四通道的图像，我们需要先试用前文介绍的 cv2.cvtColor() 方法，将色彩空间转换码设置为 cv2.COLOR_BGR2BGRA，然后再通过程序对每个像素点的 A 通道赋值即可。

📖 **演示体验**

1. 拆分和合并图像通道

依次运行代码 2.4 Channel.ipynb 中的"1. 拆分和合并图像通道"部分的代码。代码读取 snow.png 图片为 BGR_image，并打印出该图片第 1 行前 10 个像素点的像素值，如图 2.4.1 所示，然后使用 split() 方法将彩色图像拆分为 b、g、r 三张单通道图片，然后再分别打印 b、g、r 三张图像第 1 行前 10 个像素点的像素值，如图 2.4.2 ～图 2.4.4 所示，可以看出，b、g、r 的值分别对应之前彩色图像的 3 个通道值。

然后再单独显示 b、g、r 三张图片，会发现它们都是黑白图像，如图 2.4.5 所示。

最后使用 merge() 方法将 b、g、r 三张图片重新合并成原图片。

```
        代码 2.4 Channel.ipynb "1. 拆分和合并图像通道" Cell 1
# 导入 OpenCV 库
import cv2
# 导入 pyplot
import matplotlib.pyplot as plt
def show_img(bgr):
    # 将 BGR 格式的图像转换为 RGB 格式
```

```
    rgb = cv2.cvtColor(bgr, cv2.COLOR_BGR2RGB)
    # 用 Matplotlib 显示图像
    plt.imshow(rgb)


# 读取 RGB.jpg, 此时 OpenCV 图区的彩色图片以 BGR 的顺序存储在 image 变量中
BGR_image = cv2.imread("snow.png")
# 循环打印 BGR_image 中第 1 行前 10 个像素的像素值
for i in range(10):
    print(" 彩色图片的第 ",i,' 个像素值是 ',BGR_image[0][i])
```

```
彩色图片的第 0 个像素值是 [53  3 23]
彩色图片的第 1 个像素值是 [236 176  84]
彩色图片的第 2 个像素值是 [ 64   2 248]
彩色图片的第 3 个像素值是 [ 95  84 138]
彩色图片的第 4 个像素值是 [138 190 195]
彩色图片的第 5 个像素值是 [225 162 218]
彩色图片的第 6 个像素值是 [ 83 126 118]
彩色图片的第 7 个像素值是 [125 245  90]
彩色图片的第 8 个像素值是 [116  97  41]
彩色图片的第 9 个像素值是 [198 198 153]
```

图 2.4.1　彩色图片前 10 个像素值

代码 2.4 Channel.ipynb "1. 拆分和合并图像通道" Cell 2

```
# 使用 split() 方法将彩色图片拆分为 3 个单通道图片
b,g,r = cv2.split(BGR_image)
# 打印 B 通道图片前 10 个像素的像素值
for i in range(10):
    print("B 通道图片的第 ",i,' 个像素值是 ',b[0][i])
```

```
B通道图片的第 0 个像素值是 53
B通道图片的第 1 个像素值是 236
B通道图片的第 2 个像素值是 64
B通道图片的第 3 个像素值是 95
B通道图片的第 4 个像素值是 138
B通道图片的第 5 个像素值是 225
B通道图片的第 6 个像素值是 83
B通道图片的第 7 个像素值是 125
B通道图片的第 8 个像素值是 116
B通道图片的第 9 个像素值是 198
```

图 2.4.2　B 通道前 10 个像素值

代码 2.4 Channel.ipynb "1. 拆分和合并图像通道" Cell 3

```
# 打印 G 通道图片前 10 个像素的像素值
for i in range(10):
    print("G 通道图片的第 ",i,' 个像素值是 ',g[0][i])
```

```
G通道图片的第 0 个像素值是 3
G通道图片的第 1 个像素值是 176
G通道图片的第 2 个像素值是 2
G通道图片的第 3 个像素值是 84
G通道图片的第 4 个像素值是 190
G通道图片的第 5 个像素值是 162
G通道图片的第 6 个像素值是 126
G通道图片的第 7 个像素值是 245
G通道图片的第 8 个像素值是 97
G通道图片的第 9 个像素值是 198
```

图 2.4.3　G 通道前 10 个像素值

代码2.4 Channel.ipynb "1.拆分和合并图像通道" Cell 4

```
# 打印 R 通道图片前 10 个像素的像素值
for i in range(10):
print("R 通道图片的第 ",i,' 个像素值是 ',r[0][i])
```

```
R通道图片的第 0 个像素值是 23
R通道图片的第 1 个像素值是 84
R通道图片的第 2 个像素值是 248
R通道图片的第 3 个像素值是 138
R通道图片的第 4 个像素值是 195
R通道图片的第 5 个像素值是 218
R通道图片的第 6 个像素值是 118
R通道图片的第 7 个像素值是 90
R通道图片的第 8 个像素值是 41
R通道图片的第 9 个像素值是 153
```

图 2.4.4　R 通道前 10 个像素值

代码2.4 Channel.ipynb "1.拆分和合并图像通道" Cell 5-7

```
show_img(b)
show_img(g)
show_img(r)
```

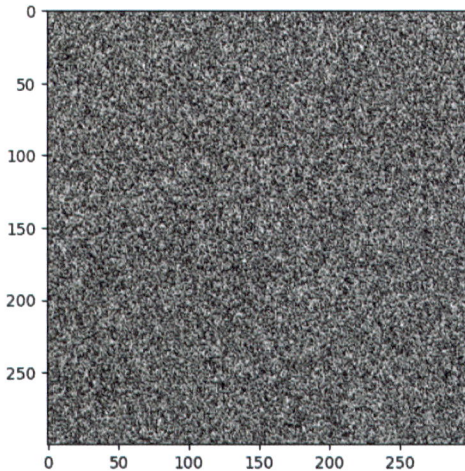

图 2.4.5　显示 b、g、r 通道都是类似这样的灰白雪花图像

2. BGRA 四通道图片

运行代码 2.4 Channel.ipynb 中的 "2.BRGA 四通道" 的 Cell 1，将之前读取的 BRG_image 转换成 BGRA 四通道图像，并打印前 10 个像素值，如图 2.4.6 所示，可以看到，与图 2.4.1 相比，每个像素点多了一个值 255，这就是 alpha 通道值，255 代表完全不透明。

代码2.4 Channel.ipynb "2.BGRA 四通道" Cell 1

```
# 还是使用之前的 BGR_image，将图像转换成 BGRA 四通道图像
BGRA_image = cv2.cvtColor(BGR_image,cv2.COLOR_BGR2BGRA)
# 打印 hBGRA_image 的前 10 个像素值
for i in range(10):
    print(" 彩色图片的第 ",i,' 个像素值是 ',BGRA_image[0][i])
```

47

```
BGRA四通道彩色图片的第 0 个像素值是 [ 53   3  23 255]
BGRA四通道彩色图片的第 1 个像素值是 [236 176  84 255]
BGRA四通道彩色图片的第 2 个像素值是 [ 64   2 248 255]
BGRA四通道彩色图片的第 3 个像素值是 [ 95  84 138 255]
BGRA四通道彩色图片的第 4 个像素值是 [138 190 195 255]
BGRA四通道彩色图片的第 5 个像素值是 [225 162 218 255]
BGRA四通道彩色图片的第 6 个像素值是 [ 83 126 118 255]
BGRA四通道彩色图片的第 7 个像素值是 [125 245  90 255]
BGRA四通道彩色图片的第 8 个像素值是 [116  97  41 255]
BGRA四通道彩色图片的第 9 个像素值是 [198 198 153 255]
```

图 2.4.6　每个像素点多了一个值

运行代码 2.4 Channel.ipynb 中的"2.BRGA 四通道"的 Cell 2，代码将前 150 行的 150 列像素点的 alpha 值改为了 0，即全透明。在 Notebook 上显示时，发现没有变化，如图 2.4.7 所示，但是如果使用 imwrite() 方法将其存储起来再打开，会发现原始图片的左上角区域变成透明的了，如图 2.4.8 所示。

```
代码 2.4 Channel.ipynb "2.BGRA 四通道" Cell 2
# 将前 150 行的前 150 列像素点的 alpha 值改为 0
for i in range(150):
    for j in range(150):
        BGRA_image[i][j][3]=0
# 此时显示没有变化
show_img(BGRA_image)
# 存储后会发生变化
cv2.imwrite('./snow_brga_test.png',BGRA_image)
```

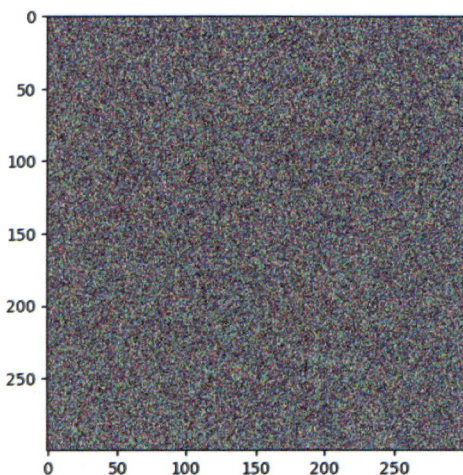

图 2.4.7　在 Notebook 上看不出来透明的效果　　图 2.4.8　将图像保存后再打开，左上角部分变成透明的了

课堂练习

我们可以将新生成的 snow_brga_test.png 图片插入一个 PPT 文件，观察其透明效果。请自行调整代码 2.4 Channel.ipynb 中的"2.BGRA 四通道"的 Cell 2 中像素 alpha 值的大小，观察不同透明度的效果。

2.5　我的调色板

　　调色板是画家在创作过程中用于调和并搁置新鲜颜料的工具（图 2.5.1）。它提供了一个平整的板面，画家在绘画时可以将几种基色颜料按照不同的比例进行配置，就能调配出多种颜色。

　　但是对于一名新手画家，他可能不知道每种基色颜料放多少合适，你能帮帮他吗？

图 2.5.1　调色板

任务目标

　　根据所学习的 RGB 三原色工作原理，以及 OpenCV、Matplotlib、ipywidgets 库的使用方法，设计一个小程序，程序运行后，在 Notebook 界面上弹出一个如图 2.5.2 所示的界面，需要填入 RGB 三原色的值（都是 0 ～ 255），单击"完成"按钮后，程序根据 RGB 三原色的值显示不同的颜色，如图 2.5.3 所示。当蓝色值为 255、红色值和绿色值都为 0 时，显示纯蓝色图片；当蓝色值和红色值都为 255，绿色值为 0 时，显示紫色图片。

　　我们可以上网查询任意颜色的值。

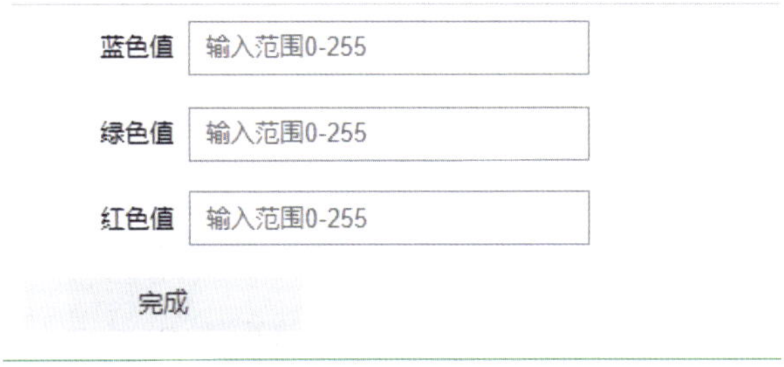

蓝色值　　输入范围0-255

绿色值　　输入范围0-255

红色值　　输入范围0-255

完成

图 2.5.2　调色板程序的用户交互界面

蓝色值 255　　　　　　蓝色值 255

绿色值 0　　　　　　　绿色值 0

红色值 0　　　　　　　红色值 255

完成　　　　　　　　　完成

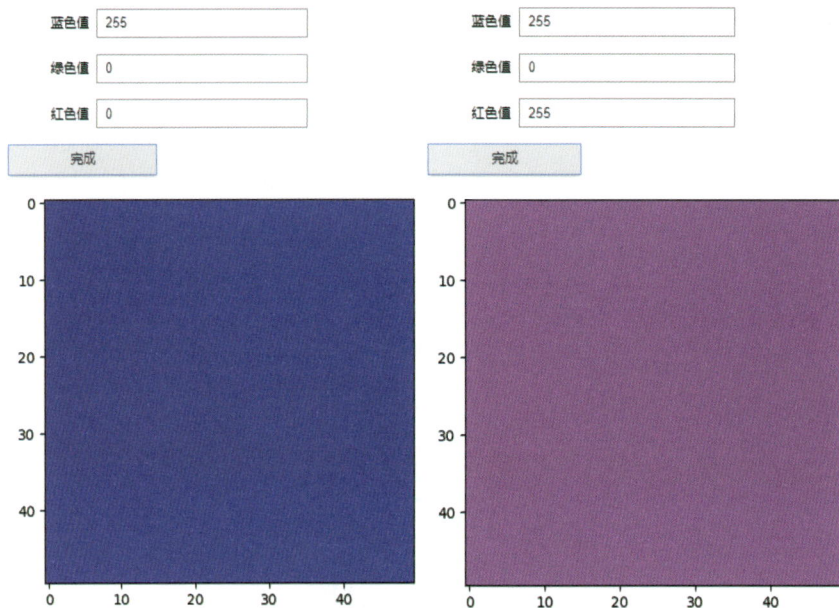

图 2.5.3　调色板程序的运行结果

线索提示

（1）在代码 1.4 ipywidgets.ipynb 上做修改，它已经给我们提供了足够完整的界面效果。

（2）在文本框中输入的值是字符串 str 格式，需要将其转换为整数 int 格式。

（3）注意在 OpenCV 和 Matplotlib 中 RGB 的颜色顺序。

2.6 制作动画片

场景导入

不知道各位读者有没有在上小学时在自己课本的每一页的页脚上画火柴人的经历，每页上的火柴人的形态不同，然后快速翻动页脚，这些火柴人看上去就动了起来（图 2.6.1）。

相信大家也都知道，这就是动画片的工作原理。

本节让我们来制作一个自己的动画片吧。

图 2.6.1　页角上的小人

　　配套源码中本章目录下的 frames 目录里面，是作者给读者提供的一个火柴人动画里的每一帧图片，文件名序号就是帧的播放序号。

　　请根据所学的知识设计程序，将这些帧图片组合生成一个视频。在运行程序时，首先出现如图 2.6.2 所示的界面，可以通过 RadioButton 选项选择视频的播放速度，默认选择 1 倍速播放。还有一个"生成动画"按键，单击后会在本目录下生成制作的动画。

图 2.6.2　制作动画程序的用户交互界面

　　（1）可以通过大模型进行搜索，从而按照图片名称的顺序依次读取图片。

　　（2）在使用 cv2.videoWriter(filename,fourcc,fps,frameSize) 创建对象时，frameSize 参数不能随便写，而是要与帧图片的尺寸相同。

第3章
图像处理基础

通过第 1 章和第 2 章的学习，我们已经学会了 OpenCV 的基本使用方法，也了解了图片和视频的基本属性。那么，我们是否一定要把这本书看完，才能使用 OpenCV 来实现各种图像和视频的处理工作呢？答案是否定的，此时，我们就可以结合我们的 Python 基础来实现很多实用的功能（如图片格式转换、图片裁剪、视频压缩等）了。

本章以任务和项目的形式，一步步介绍如何制作一个自己的图像视频编辑软件。

请务必记住，无论学习什么技术、什么知识，实操都是最好的学习方法。

3.1 任务 1：实现图片格式转换功能

场景导入

2.1 节介绍了同一张图片可以以不同的格式存储，每种存储格式都有各自的特点，在实际工作中，我们经常会遇到需要将一种格式的图片转换成另一种格式的情况。

图 3.1.1 所示是图片编辑助手软件的图片格式转换功能界面，其中 messi 是原始图片名称，它的原始格式是 jpg，可以通过下拉框选择其转换后的格式，可选的选项有 JPG、JPEG、PNG、BMP 等，单击"开始转换"按钮即可生成新格式的图片。

图 3.1.1 图片编辑助手的图片格式转换功能

在 2.1 节的示例中，可以发现，在 OpenCV 中，调用 imwrite() 方法保存图片时，只要给新图片设置不同的后缀，即可将其保存为对应的图片格式。利用这个知识就可以实现图片格式转换功能了。

代码 3.1 SwitchType.ipynb 在 Notebook 中由两个 Cell 组成，第一个 Cell 实现了从计算机文件系统中选择图片的功能，运行后，如图 3.1.2 所示，在代码下方会出现一个 Upload 按钮，单击后可以在弹出的窗口中选择图片，图片选择完毕后，会在页面上显示该图片。

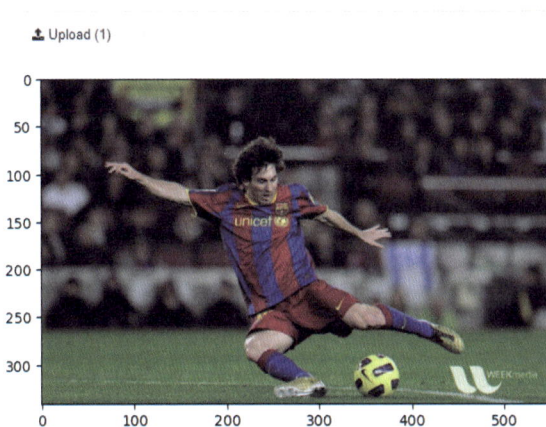

图 3.1.2　上传并显示图片

代码 3.1 SwitchType.ipynb-Cell 1

```python
import ipywidgets as widgets
from IPython.display import display, Image
import cv2
import numpy as np
import matplotlib.pyplot as plt # 导入 pyplot

def show_img(bgr):
    # 将 BGR 格式的图像转换为 RGB 格式的图像
    rgb = cv2.cvtColor(bgr, cv2.COLOR_BGR2RGB)
    # 用 Matplotlib 显示图像
    plt.imshow(rgb)

def on_file_selected(change): #
    # 当文件选择器中的文件改变时，读取并显示图片
    file_contents = change['new']
    global image# 设置一个全局变量 image，用于保存 OpenCV 格式的图片
    if file_contents:
        # file_contents[0]['content'] 是上传后的图片文件内容
        # 首先通过 btyearray 将图片文件内容转换为 NumPy 数组
        # 再通过 np.asarray() 将其转换成一个 np 数组
```

```
        image_array = np.asarray(bytearray(file_contents[0]['content']),
dtype=np.uint8)
        #使用 OpenCV 读取图片数据
        image = cv2.imdecode(image_array, cv2.IMREAD_COLOR)
        # OpenCV 读取的图片颜色通道是 BGR, 转换为 RGB
        show_img(image)


# 创建一个文件选择器
file_chooser = widgets.FileUpload(
    accept='image/*',  # 接收图片文件
    multiple=False  # 不允许多选
)


# 当文件选择器中的文件改变时, 调用 on_file_selected 函数
file_chooser.observe(on_file_selected, names='value')


# 显示文件选择器
display(file_chooser)
```

请自行补充第二个 Cell 的空白位置，实现一个 RadioButtons 和一个普通 Button，运行后，如图 3.1.3 所示，界面上显示一个有 3 个选项的 RadioButtons（选项分别是 BMP、JPG 和 PNG）和一个格式转换按钮，首先选择一种图片格式，然后单击"格式转换"按钮，程序会将原始图片转换成对应格式并将其命名为 newPicture。

图 3.1.3　需要实现的功能区

```
                    代码 3.1 SwitchType.ipynb-Cell 2
# 定义一个回调函数, 用于处理 button
def on_button_click(b):
    ################################################
    # 在此处补充代码, 当 "格式转换" 按钮被单击后调用
    # 实现图像格式的转换
    ################################################


# 创建一个 RadioButtons 控件, 包含 "BMP""PNG""JPG" 三种选项
radio = widgets.RadioButtons(
    ###########################################
# 在此处补充代码, 实现一个有 BMP、PNG、JPG 三个选项的 RadioButton
```

```
################################################
)

# 创建一个 Button 控件
ConvertButton = widgets.Button(description=" 格式转换 ")

# 当按钮被单击时，调用 on_button_click 函数
ConvertButton.on_click(on_button_click)

# 显示单选按钮控件和按钮控件
display(radio)
display(ConvertButton)
```

线索提示

在文心一言或其他大模型上输入提示:"在 Jupyter Notebook 中，使用 ipywidgets 的 RadioButtons 和 Button 控件可以实现一个带有三种选项的单选按钮组，当 Button 被单击时，打印出此时 RadioButton 的选项。"看看大模型给出的示例代码，学习 RadioButton 和 Button 之间是如何实现数据交换的。

3.2 任务 2：实现图片裁剪功能

场景导入

对图片进行裁剪也是一个经常会用到的功能，如图 3.2.1 所示，在图片编辑助手的图片裁剪功能里，用鼠标拖曳原始图片上的蓝色边框选定希望裁剪的区域，单击"立即保存"按钮即可完成图片裁剪，本例中经过裁剪的图片如图 3.2.2 所示。

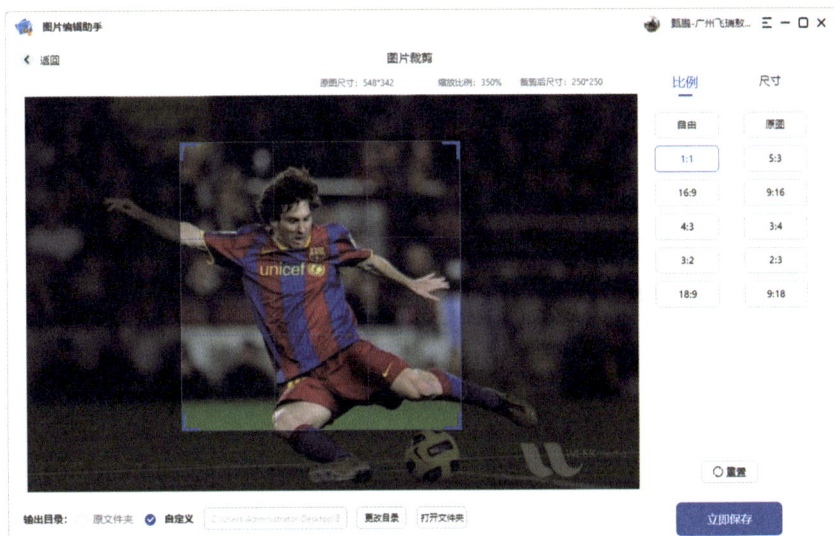

图 3.2.1　使用图像编辑助手的图片裁剪功能

图 3.2.2　裁剪后的图片

🏷 **任务目标**

图片裁剪的工作原理比较简单，首先确定原始图片上想要裁剪区域的左上角和右下角的坐标，可以选定要裁剪的区域，同时也可以确定裁剪后图片的尺寸。

然后创建一个该尺寸的空白图片，接下来将原图片上裁剪区域的每个像素点的像素值复制到空白图像的对应位置，最后保存新的图片即可。

代码 3.2 CutPicture.ipynb 也是由两个 Cell 组成的，其中 Cell 1 与 3.1 节的 Cell 1 完全相同，用于选择和显示一张图片。

请利用已学知识，补完代码 3.2 的 Cell 2，实现图片裁剪功能。

Cell 2 已经实现的功能是显示 4 个文本框，分别用于接收要剪裁区域的左上角横坐标、左上角纵坐标、右下角横坐标和右下角纵坐标，如图 3.2.3 所示，以及一个"裁剪图片"按钮。

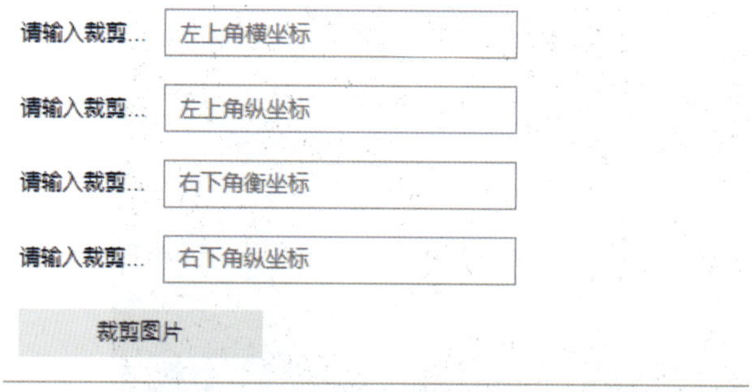

图 3.2.3　已完成的输入界面

如果功能成功实现，则在单击"裁剪图片"按钮后，程序会根据裁剪区域的左上角横坐标、左上角纵坐标、右下角横坐标和右下角纵坐标对图片进行裁剪，并显示在窗口上，如图 3.2.4 所示。

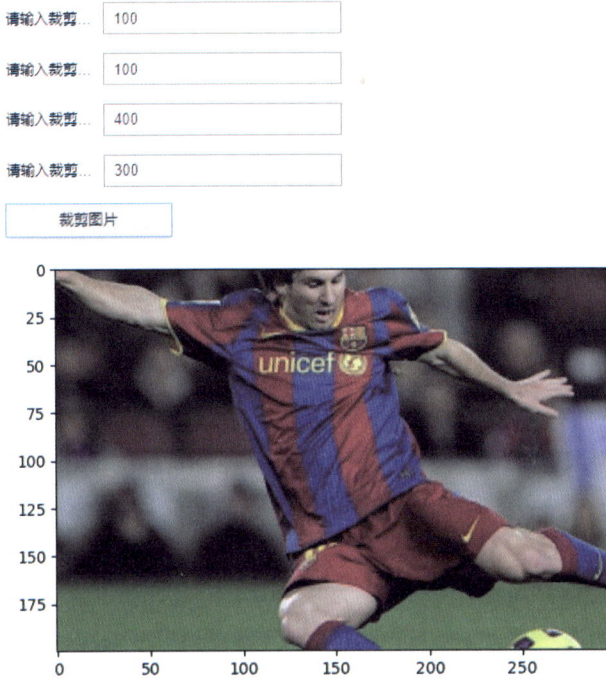

图 3.2.4　裁剪功能实现后达到的效果

代码 3.2 CutPicture.ipynb Cell 2

```
# 定义一个回调函数，用于获取文本框内容，实现图片裁剪功能
def on_button_click(b):

    top_X=int(text1.value)# 获取想要裁剪部分的左上角横坐标
    ##############################################
    # 在此处补充代码，实现相应功能
    ##############################################


# 创建 4 个文本框控件，获取想要裁剪区域的左上角和右下角坐标
text1 = widgets.Text(
    value='',
    placeholder=' 左上角横坐标 ',
    description=' 请输入裁剪区域左上角横坐标 :',
    disabled=False
)


text2 = widgets.Text(
    value='',
    placeholder=' 左上角纵坐标 ',
    description=' 请输入裁剪区域左上角纵坐标 :',
    disabled=False
)


text3 = widgets.Text(
```

```
        value='',
        placeholder='右下角横坐标',
        description='请输入裁剪区域右下角横坐标：',
        disabled=False
)

text4 = widgets.Text(
        value='',
        placeholder='右下角纵坐标',
        description='请输入裁剪区域右下角纵坐标：',
        disabled=False
)

# 创建一个按钮控件
button = widgets.Button(description=" 裁剪图片 ")

# 当按钮被单击时，调用 on_button_click 函数
button.on_click(on_button_click)

# 显示文本框控件和按钮控件
display(text1)
display(text2)
display(text3)
display(text4)
display(button)
```

线索提示

（1）首先要获取通过 text 文本框输入的原图片上要裁剪区域的左上角横坐标、左上角纵坐标、右下角横坐标和右下角纵坐标。

（2）根据 4 个值，可以获得裁剪后图片的大小，裁剪后图片的长（宽）是右下角横坐标 – 左上角横坐标，图片的高是右下角纵坐标 – 左上角纵坐标），然后利用 2.6 节所学的知识创建一个该大小的空白图片（全黑图片）。注意，在 NumPy 数组里，第一个参数是图片的高，第二个参数是图片的长。

（3）编写两个嵌套的 for 循环，将原图片裁剪区域从第一个像素点到最后一个像素点的值依次赋值给空白图片的第一个像素点到最后一个像素点，最后显示新的图片。

3.3 任务 3：实现图片压缩功能

场景导入

现在我们使用的智能手机配置的摄像头像素越来越高，拍出来的照片的清晰度越来越高，效果越来越好，但是随之而来的问题也多了起来，其中笔者感受最深的就是一张照

片动辄就要十几兆甚至几十兆，给存储带来了很大的问题，手机内存中很快就塞满了各种照片，而且在大多数情况下，我们是不需要这么高清晰度的图片的，所以对图片进行压缩是图片处理软件的一个基本功能。图 3.3.1 是"图片编辑助手"软件的图片压缩功能界面，在选择了希望压缩的图片后，可以选择按一定比例压缩照片，或指定压缩后的文件大小，或通过调整图片尺寸等多种方式进行图片压缩。

图 3.3.1　"图片编辑助手"软件的图片压缩功能界面

🖥 任务目标

本节的任务是实现简易的图片压缩功能。

对图片进行压缩的方法有很多种，例如采用不同的压缩算法（前面所学习的对于图片不同的存储格式，如 jpg、png 其实就是不同的压缩算法）或者降低图片的分辨率和质量。

在本任务中，我们将使用 JPEG 压缩算法自带的调整图片质量的方法来实现图片压缩，它其实用的就是前面学习过的 cv2.imwrite() 方法，其语法如下：

```
cv2.imwrite(output_file, image, [int(cv2.IMWRITE_JPEG_QUALITY), quality])
```

参数说明：

◆ output_file 和 image：和之前学习的 imwrite() 方法相同，分别用于指定图片的保存位置和需要保存的图片。

◆ int(cv2.IMWRITE_JPEG_QUALITY)：一个常量，表示对 jpeg 或 jpg 格式的图片进行质量转换操作。

◆ quality：图片压缩比例，取值范围为 1 ～ 100，即将原图片压缩至百分之多少。

请直接使用 3.1 SwitchType.ipynb 中的 Cell 1 部分的代码，选定一张待压缩的 jpg 格式的图片（可以直接使用代码目录里的 mountain.jpg）。然后新增一个 Cell，设计程序显示一个文本输入框和一个按钮，如图 3.3.2 所示，文本输入框用于接收 quality 值，单击按钮后，对在 Cell 1 中选定的图片进行 quality 值比例的压缩，并将新图片命名为

CompressedImage.jpg，并保存在源码目录中。

图 3.3.2　压缩照片功能界面

线索提示

（1）需要判断输入的 quality 值是否在 1 ～ 100。

（2）使用 cv2.IMWRITE_JPEG_QUALITY 方法进行压缩时，不一定会精准地压缩到 quality 的取值比例，代码目录中的 mountain.jpg 的原大小是 1170KB，测试时，将 quality 取值为 50，压缩后的图片大小为 454KB。

3.4　任务 4：实现视频分割功能

场景导入

我们在各种媒体上看到的视频其实很少有"一镜到底"的情况，媒体工作人员往往要对原始视频做很多处理工作，其中视频剪辑（分割和合并）是最基本的工作。本节和下一节将分别实现视频分割和合并功能。

图 3.4.1 所示是迅捷视频转换器的视频分割功能界面，在提示框标识的区域分别输入想要切割出来的视频在原视频中的开始时间和结束时间，然后单击"确定"按钮，即可完成视频分割，软件会将开始时间和结束时间之间的视频保存并生成一个新的视频。

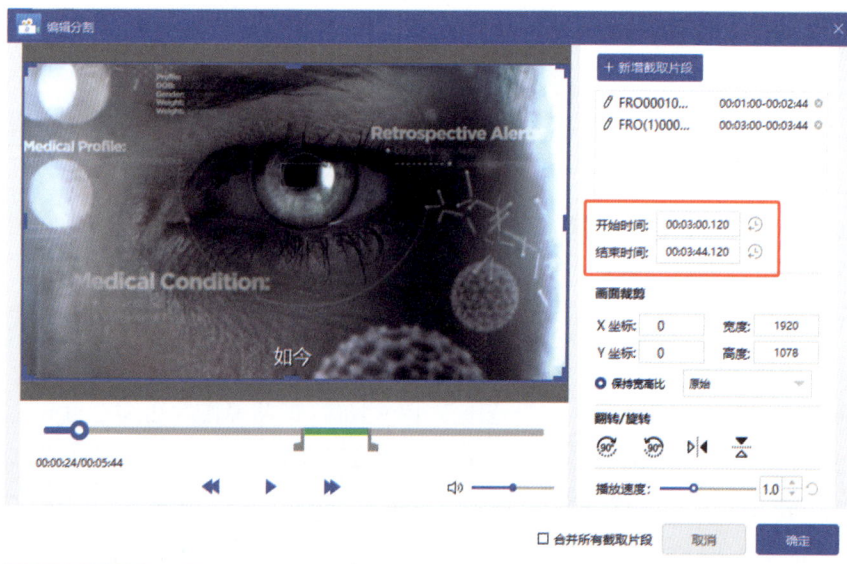

图 3.4.1　迅捷视频转换器的视频分割功能界面

请在代码 3.3 DivideVideo.ipynb 的指定位置补充代码，实现视频分割功能，运行程序后显示图 3.4.2 所示的文本框和按钮，在文本框内分别输入想要裁剪视频的开始时间和结束时间，单击"分割视频"按钮，可将开始时间和结束时间的视频截取下来，命名为 cutVideo.avi 并以 avi 格式保存在代码目录下。

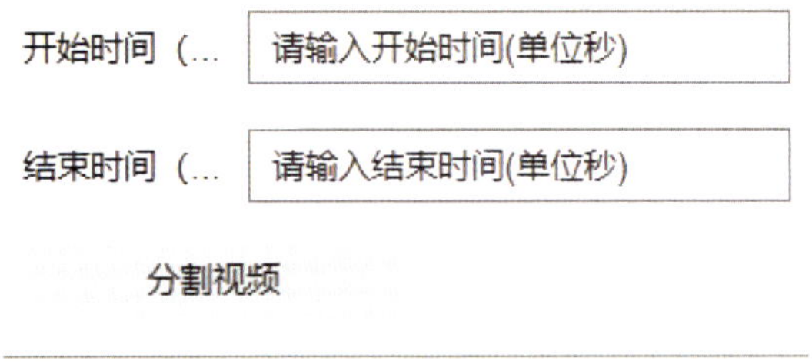

| 开始时间（... | 请输入开始时间(单位秒) |
| 结束时间（... | 请输入结束时间(单位秒) |

分割视频

图 3.4.2　视频分割功能界面

代码 3.3 DivideVideo.ipynb

```
import ipywidgets as widgets
from IPython.display import display, Image
import cv2
import numpy as np
import matplotlib.pyplot as plt # 导入 pyplot

input_video="snowball.mp4"
text1 = widgets.Text(value=' 请输入开始时间（单位秒）', placeholder='Type
something', description=' 开始时间（单位秒）: ')
text2 = widgets.Text(value=' 请输入结束时间（单位秒）', placeholder='Type
something', description=' 结束时间（单位秒）: ')
button = widgets.Button(description=" 分割视频 ")

display(text1)
display(text2)
display(button)

def on_button_clicked(b):
    startTime = int(text1.value)
    endTime = int(text2.value)
    video = cv2.VideoCapture(input_video) # 打开视频文件
    fps = video.get(cv2.CAP_PROP_FPS) # 获取视频文件的帧速率
    frameCount = video.get(cv2.CAP_PROP_FRAME_COUNT) # 获取视频文件的总帧数
    videoTime = int(frameCount/fps)#计算视频时长
    frameNum = 0 #用于记录当前的帧数
    # 获取视频文件的帧大小
    size = (int(video.get(cv2.CAP_PROP_FRAME_WIDTH)),
            int(video.get(cv2.CAP_PROP_FRAME_HEIGHT)))
```

```
    if startTime > endTime:
        print(" 结束时间必须大于开始时间！ ")
        return
    if endTime > videoTime:
        print(" 结束时间不能大于视频时长！ ")
        return


    fourcc = cv2.VideoWriter_fourcc('X', 'V', 'I', 'D') # 确定视频保存
#后的编码格式
    output = cv2.VideoWriter("cutVideo.avi", fourcc, fps, size) # 创
#建 VideoWriter 类对象
    frameStart = startTime * fps # 视频文件在 startTime 之前含有的帧数量
    frameEnd = endTime * fps # 视频文件在 endTime 之前含有的帧数量


    #########################################
    # 请在此处补充代码，思路如下
    # 用 frameNum 来记录原视频当前是第几帧
    # 编写一个 while 循环，当 frameNum 大于开始时间之前含有的帧数且小于结束时间
#之前含有的帧数时
    # 将此时的帧保存在 output 视频中
    ###########################################
    # 控制台输出提示信息
    print(" 剪辑后的视频已经保存为 cutVideo.avi。")
    video.release() # 关闭视频文件
    output.release() # 释放 VideoWriter 类对象
button.on_click(on_button_clicked)
```

线索提示

计算原视频从第 1 帧到分割开始时间之间有多少帧，计算原视频从第 1 帧到分割结束时间之间有多少帧，两者之差就是要保存的视频。

3.5 任务 5：实现视频合并功能

场景导入

视频剪辑就是先将视频切割，去掉不需要的部分，再将需要的视频重新合并成一个完整的视频。图 3.5.1 所示是迅捷视频转换器的视频合并功能界面，将想要合并的两个或以上的视频添加到作业区，然后可以指定合并后视频的输出格式、名称和存储位置，最后单击"开始合并"按钮，即可完成多个视频的合并。

图 3.5.1　迅捷视频转换器的视频合并功能界面

任务目标

　　请在代码 3.4 CombineVideo.ipynb 的指定位置补充代码,实现视频合并功能,运行程序后显示图 3.5.2 所示的文本框和按钮,在文本框内分别输入想要合并的两个视频含后缀的全名,单击"合并视频"按钮,可将两个视频合并,命名为 combinedVideo.avi 并以 avi 格式保存在代码目录下。

图 3.5.2　视频合并功能界面

```
                        代码 3.4 CombineVideo.ipynb
import ipywidgets as widgets
from IPython.display import display, Image
import cv2
import numpy as np
import matplotlib.pyplot as plt # 导入 pyplot


text1 = widgets.Text(value='请输入视频 1 名称（含后缀）', placeholder=
'Type something', description='视频 1 名称（含后缀）:')
text2 = widgets.Text(value='请输入视频 2 名称（含后缀）', placeholder=
'Type something', description='视频 2 名称（含后缀）:')
```

```
button = widgets.Button(description=" 合并视频 ")

display(text1)
display(text2)
display(button)

def on_button_clicked(b):
############################################################
# 请在此处补充代码，实现视频合并功能
# 通过 text1、text2 获取要合并的视频名称
# 分别打开两个视频
# 获取其中一个视频的 fps、长宽等信息，创建一个 VideoWriter 的 output 对象
#while 循环读取第 1 个视频的帧写到 output 中
#while 循环读取第 1 个视频的帧写到 output 中
############################################################
    output.release() # 释放 VideoWriter 类对象
button.on_click(on_button_clicked)
```

线索提示

我们可以先利用 3.4 节任务中的功能分割出原始视频（可以用代码目录中的 snowball.avi 或任意其他）的两段出来，确保两个视频的 fps 及尺寸相同，然后合并这两段视频。

3.6 任务 6：实现视频截图功能

场景导入

截图功能是我们在工作和学习中经常使用的一个功能，Windows 操作系统、微信、QQ 都自带截图功能，以微信为例，在打开微信的情况下，按 Alt+A 键即可启动截图功能，截取屏幕上的指定区域，而且还附带添加文字、添加标识框等丰富的功能。

本节将利用 OpenCV 库设计程序，对播放中的视频进行截屏。

任务目标

请补充完善代码 3.5 Snapshot.ipynb，要求实现对播放中的视频进行截屏保存的功能。当视频播放时，每按一次空格键即对当前帧进行截屏保存，并命名为 snapshotX.jpg，其中 X 的初始值是 1，每保存一次照片 X 便加 1。

```
                    代码 3.5 Snapshot.ipynb
import cv2
video = cv2.VideoCapture("snowball.mp4 ") # 打开视频文件
fps = video.get(cv2.CAP_PROP_FPS) # 获取视频文件的帧速率
frame_Count = video.get(cv2.CAP_PROP_FRAME_COUNT) # 获取视频文件的帧数
frame_Width = int(video.get(cv2.CAP_PROP_FRAME_WIDTH)) # 获取视频文件
# 的帧宽度
```

```
frame_Height = int(video.get(cv2.CAP_PROP_FRAME_HEIGHT)) # 获取视频文
# 件的帧高度

snapshotNumber = 0# 记录是第几张截屏，初始值是 0
while (video.isOpened()): # 视频文件被打开后
    retval, image = video.read() # 读取视频文件
    # 设置 Video 窗口的宽为 420、高为 300
    cv2.namedWindow("Video", 0)
    cv2.resizeWindow("Video", frame_Width,frame_Height)
    if retval == True: # 读取视频文件后
        cv2.imshow("Video", image) # 在窗口中显示读取的视频文件
    else: # 没有读取到视频文件
        break
    key = cv2.waitKey(int(1000/fps)) # 根据原视频的 fps 值计算每帧的显示时间
    if key == 27: # 如果按 Esc 键
        break
#########################################
# 请在此处补充代码，实现截屏功能
# 在视频播放时，每按一次空格键，就截取一次视频当前帧
# 将截屏图片保存在代码同目录下，命名格式为 snapshotX.jpg，其中 X 是依次保存的不
# 同的截屏图片
#########################################
video.release() # 关闭视频文件
cv2.destroyAllWindows() # 销毁显示视频文件的窗口
```

🐾 **线索提示**

（1）空格键的数字编码是 32。

（2）当视频播放时，需要让视频处于桌面最上层，此时程序才会响应空格键。

第4章 创作图像

在第 3 章，我们已经学会了使用 OpenCV 来对图片或视频进行压缩、裁剪等操作，但这些操作其实还算不上 OpenCV 的核心功能，因为这些操作并没有改变原图片或视频的任何像素值。从本章开始，我们将介绍 OpenCV 的更多功能，看看它是如何改变某张图片或视频某一帧上的像素值的。

本章的主题是"创作图像"，我们来学习如何在一张"空白"的图片上"创作"不同的内容。

4.1 绘制直线

场景导入

在我们常用的办公软件（如 Word、PPT、Excel）中，都有画一条直线的功能，如图 4.1.1 所示，Word 软件的画直线流程为"插入"→"形状"→"直线"。

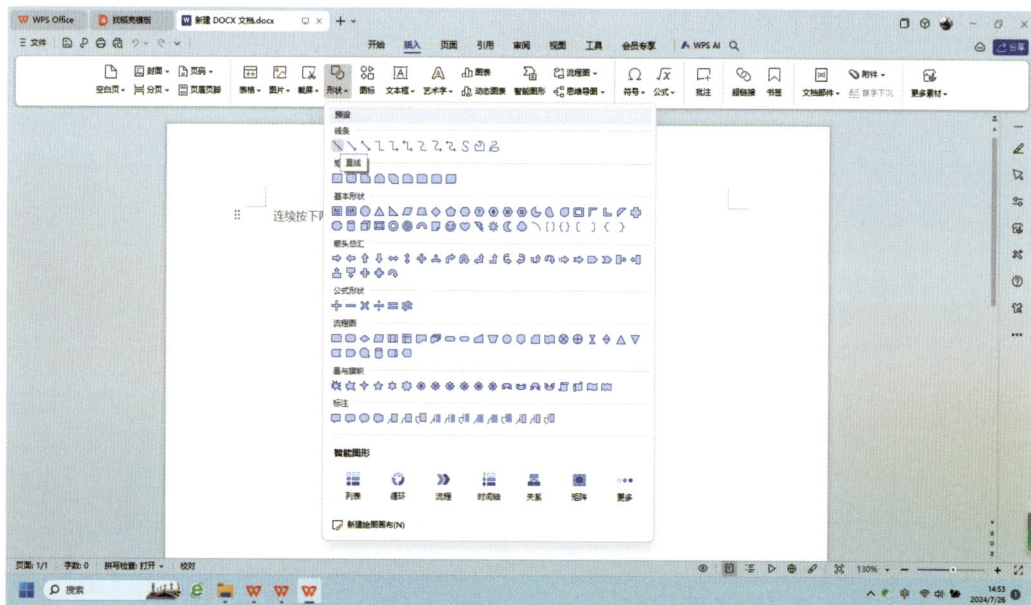

图 4.1.1　在 Word 中插入直线

当我们选择插入一条直线后，还可以对它的颜色、宽度进行编辑，如图 4.1.2 所示。

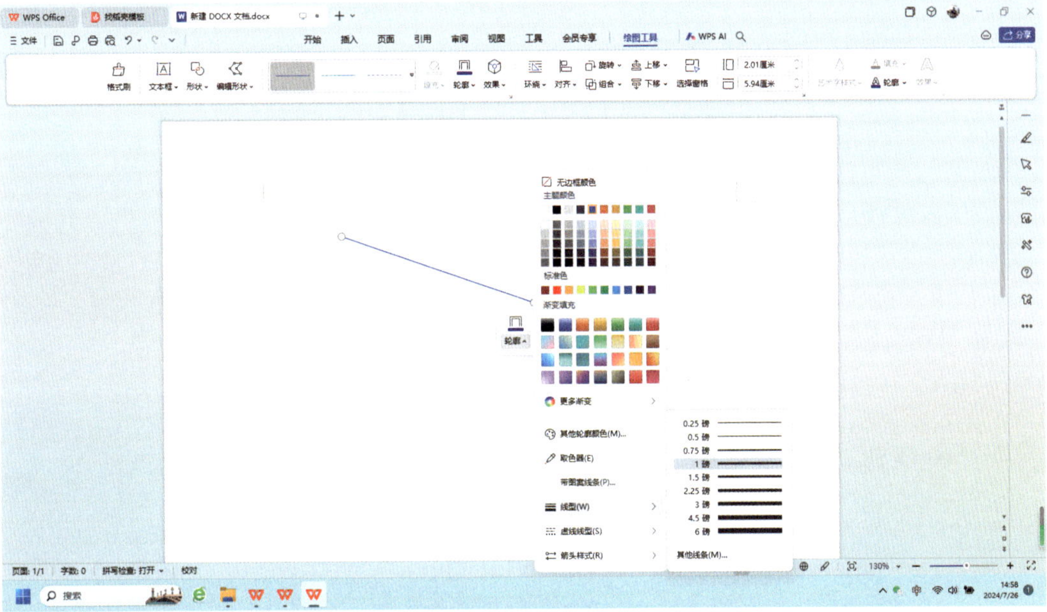

图 4.1.2　在 Word 中可以编辑线段的宽度和颜色

本节将学习如何在一张"白纸"上画出不同长度、宽度、颜色的线段。

学习目标

（1）掌握 OpenCV 中的 line() 方法。

（2）掌握创建一张空的"画布"的方法。

（3）在空画布上画出不同长度、宽度和颜色的线段。

知识传递

在 OpenCV 中，用于绘制线段的是 line() 方法，使用这个方法即可绘制长短不一、粗细各异、五颜六色的线段。line() 方法的语法格式如下：

```
img = cv2.line(img, pt1, pt2, color, thickness)
```

参数说明：

◆ img：画布。

◆ pt1：线段的起点坐标。

◆ pt2：线段的终点坐标。

◆ color：绘制线段时的线条颜色。

◆ thickness：绘制线段时的线条宽度。

演示体验

示例代码 4.1 首先创建了一个 400×400 的白底画布（注意画布的创建方法），然后依次在上面绘制了"中"字的两横三竖。

在第一次绘制线段时，线段起始点的横纵坐标不好处理，需要反复练习。

代码 4.1 DrawLines.ipynb

```python
import numpy as np # 导入 NumPy
import cv2 # 导入 OpenCV
import matplotlib.pyplot as plt # 导入 pyplot

def show_img(bgr):
    # 将 BGR 格式的图像转换为 RGB 格式
    rgb = cv2.cvtColor(bgr, cv2.COLOR_BGR2RGB)
    # 用 Matplotlib 显示图像
    plt.imshow(rgb)

# 创建一个 400×400 的白色背景画布
canvas = np.ones((400, 400, 3), np.uint8)*255
# "中"字的上面一横，起点坐标(100,100)，终点坐标(300,100)，黑色，宽度为 10
canvas = cv2.line(canvas, (100, 100), (300, 100), (0, 0, 0), 10)
# "中"字的下面一横，起点坐标(100,200)，终点坐标(300,200)，黑色，宽度为 10
canvas = cv2.line(canvas, (100, 200), (300, 200), (0, 0, 0), 10)
# "中"字的左边一竖，起点坐标(100,100)，终点坐标(100,200)，黑色，宽度为 10
canvas = cv2.line(canvas, (100, 100), (100, 200), (0, 0, 0), 10)
# "中"字的右边一竖，起点坐标(300,100)，终点坐标(300,200)，黑色，宽度为 10
canvas = cv2.line(canvas, (300, 100), (300, 200), (0, 0, 0), 10)
# "中"字的中间一竖，起点坐标(300,100)，终点坐标(300,200)，黑色，宽度为 10
canvas = cv2.line(canvas, (200, 50), (200, 300), (0, 0, 0), 10)
show_img(canvas)
```

代码运行结果如图 4.1.3 所示。

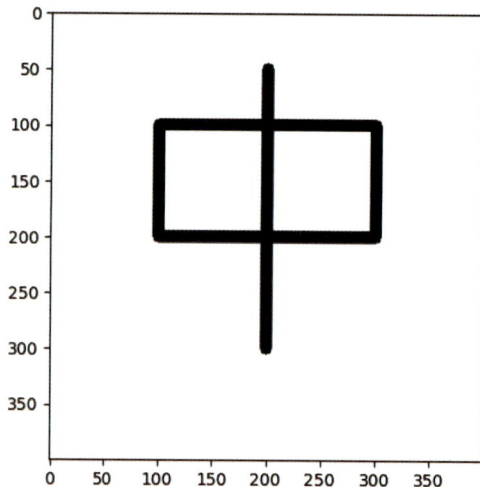

图 4.1.3　代码 4.1 的运行结果

📖 **课堂练习**

◆ 练习 4.1：请修改代码 4.1，将"中"字的三竖的宽度调整为 15，颜色从左到右依次调整为红色、蓝色和绿色，两横的宽度不变，上横的颜色调整为紫色，下横的颜色调整为黄色，如图 4.1.4 所示（在网上搜索不同颜色的 RGB 色号）。

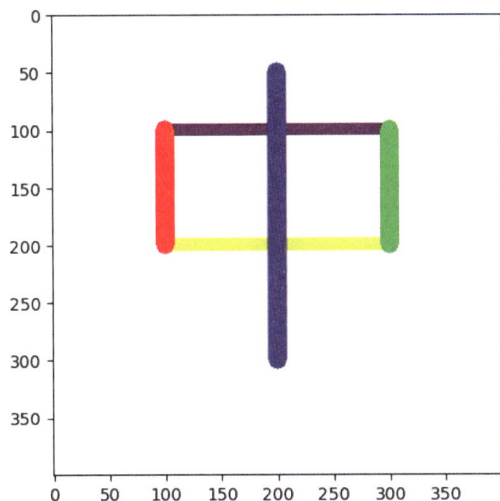

图 4.1.4 练习 4.1 的预期结果

◆ 练习 4.2：请参照代码 4.1 自行编写程序，在一张 400×400 的白底画布中写出一个"日"字，"日"字的位置、线段的宽度和颜色自行定义，可参考图 4.1.5。

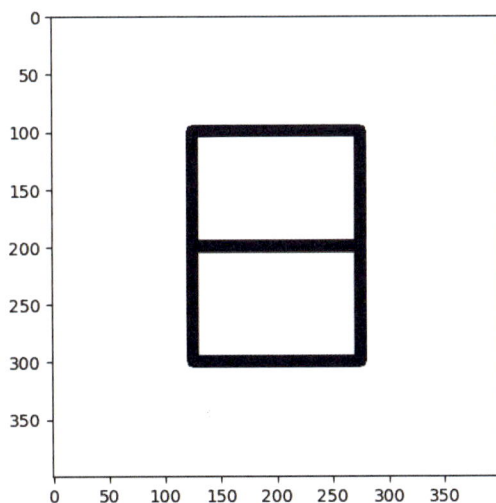

图 4.1.5 练习 4.2 的参考图例

4.2 绘制矩形和圆形

场景导入

与绘制线段类似，Word 软件也提供了绘制矩形和圆形的功能，打开 Word 文档，选择"插入"→"形状"即可看到对应的选项，如图 4.2.1 所示。

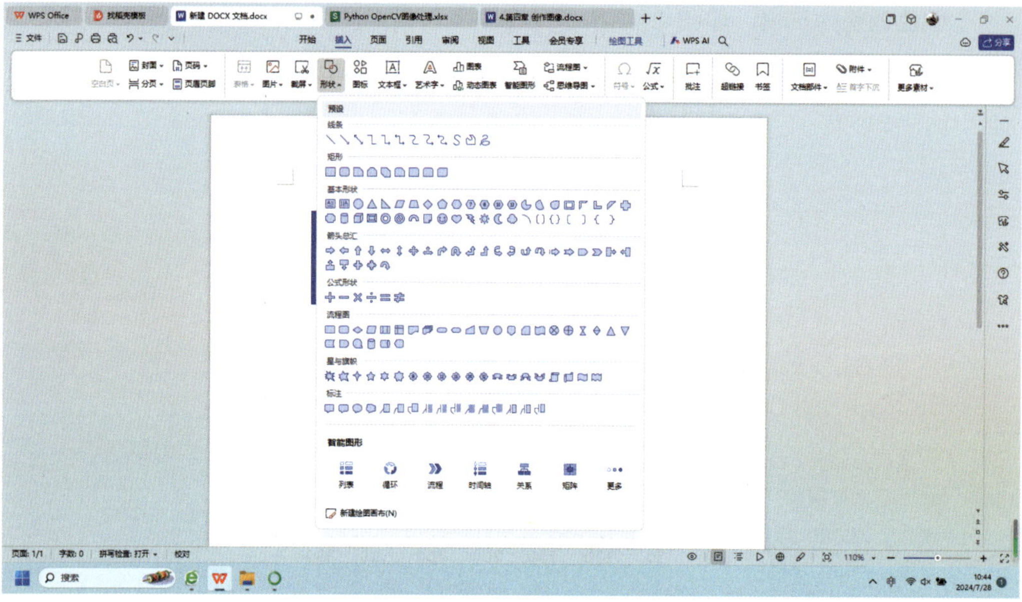

图 4.2.1 在 Word 中插入矩形或圆形

在新插入的矩形或者圆形图案上右击，如图 4.2.2 所示，选择"样式"选项，即可选择对其实心或空心、颜色、线框粗细进行编辑调整（注意，这里所使用的 Word 是 WPS 12.1 版本，不同版本的 Word 对图形编辑的选项可能不同）。

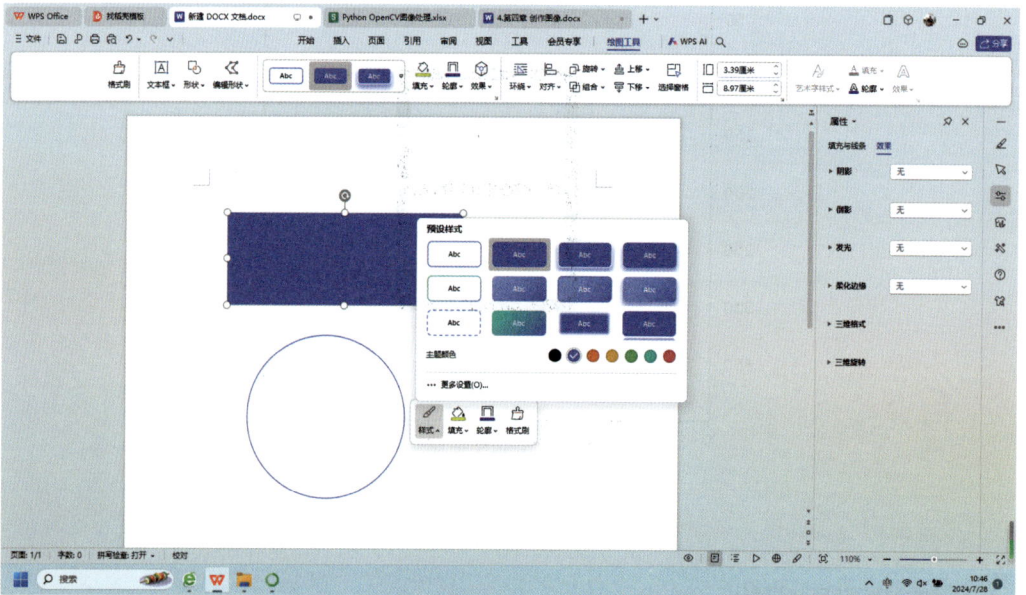

图 4.2.2 在 Word 中对矩形或圆形进行编辑

本节将学习如何利用 OpenCV 来绘制矩形和圆形。

📋 **学习目标**

（1）掌握 OpenCV 中的 rectangle() 方法和 circle() 方法。

（2）在空画布上绘制矩形和圆形。

1. 绘制矩形

OpenCV 的 rectangle() 方法用于绘制矩形，rectangle() 方法的语法格式如下：

```
img = cv2.rectangle(img, pt1, pt2, color, thickness)
```

参数说明：

◆ img：画布。

◆ pt1：矩形的左上角坐标。

◆ pt2：矩形的右下角坐标。

◆ color：绘制矩形时的线条颜色。

◆ thickness：绘制矩形时的线条宽度。当 thickness 的值为 -1 时，即可绘制一个实心矩形。

2. 绘制圆形

OpenCV 的 circle() 方法用于绘制圆形，circle() 方法的语法格式如下：

```
img = cv2.circle(img, center, radius, color, thickness)
```

参数说明：

◆ img：画布。

◆ center：圆形的圆心坐标。

◆ radius：圆形的半径。

◆ color：绘制圆形时的线条颜色。

◆ thickness：绘制圆形时的线条宽度。当 thickness=-1 时，绘制实心圆。

示例代码 4.2 首先创建了一个 400（宽）×600（高）的白底画布，然后依次在上面绘制空心矩形、实心矩形、空心正方形、实心正方形、空心圆和实心圆。注意，正方形就是一个长和宽相等的矩形。

```
代码 4.2 RectangelAndCircle.ipynb
import numpy as np # 导入 NumPy
import cv2 # 导入 OpenCV
import matplotlib.pyplot as plt # 导入 pyplot

def show_img(bgr):
    # 将 BGR 格式的图像转换为 RGB 格式
    rgb = cv2.cvtColor(bgr, cv2.COLOR_BGR2RGB)
    # 用 Matplotlib 显示图像
    plt.imshow(rgb)

# 创建一个 600×400 的白色背景画布
```

```
canvas = np.ones((600, 400, 3), np.uint8)*255

# 在画布上绘制一个左上角坐标为 (25,50)、右下角坐标为 (175,150)、黑色的、线条宽
# 度为 10 的矩形边框
canvas = cv2.rectangle(canvas, (25, 50), (175, 150), (0, 0, 0), 10)
# 在画布上绘制一个左上角坐标为 (225,50)、右下角坐标为 (375,150)、黑色的实心矩形
canvas = cv2.rectangle(canvas, (225, 50), (375, 150), (0, 0, 0), -1)

# 在画布上绘制一个左上角坐标为 (25,200)、右下角坐标为 (175,350)、黑色的、线条
# 宽度为 10 的正方形
canvas = cv2.rectangle(canvas, (25, 200), (175, 350), (0, 0, 0), 10)
# 在画布上绘制一个左上角坐标为 (225,200)、右下角坐标为 (375,350)、黑色的实心正方形
canvas = cv2.rectangle(canvas, (225,200), (375, 350), (0, 0, 0), -1)

# 在画布上绘制一个圆心坐标为 (100, 500)、半径为 75、线条宽度为 10 的圆形
canvas = cv2.circle(canvas, (100, 500), 75, (0, 0, 0), 10)
# 在画布上绘制一个圆心坐标为 (300, 500)、半径为 75 的实心圆形
canvas = cv2.circle(canvas, (300, 500), 75, (0, 0, 0), -1)

show_img(canvas)
```

观察图 4.2.3，会发现在长宽或者半径都相等的情况下，空心的矩形、正方形或者圆形看上去都比实心的矩形、正方形或者圆形要"大上一圈"？这是为什么呢？

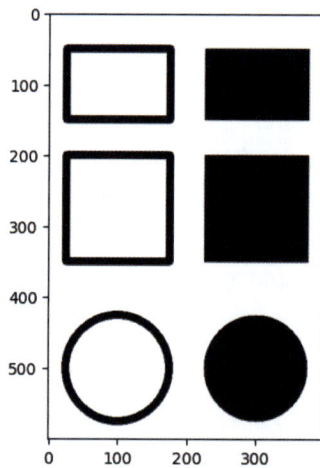

图 4.2.3　代码 4.2 的运行结果

运行代码 4.3，我们将画布缩小到 30×30，左上角坐标为（5,5），右下角坐标为（25,25），分别画一个线框宽度为 4 的空心矩形和一个实心矩形。

```
                        代码 4.3 SmallRectangel
import numpy as np # 导入 NumPy
import cv2 # 导入 OpenCV
import matplotlib.pyplot as plt # 导入 pyplot
```

```
def show_img(bgr):
    # 将 BGR 格式的图像转换为 RGB 格式的图像
    rgb = cv2.cvtColor(bgr, cv2.COLOR_BGR2RGB)
    # 用 Matplotlib 显示图像
    plt.imshow(rgb)

# 创建一个 30×30 的白色背景画布
canvas = np.ones((30,30, 3), np.uint8)*255

# 在画布上绘制一个左上角坐标为 (5,5)、右下角坐标为 (25,25)、黑色的、线条宽度为 4
# 的矩形边框
canvas = cv2.rectangle(canvas, (5, 5), (25, 25), (0, 0, 0), 4)

show_img(canvas)

# 创建一个 30×30 的白色背景画布
canvas = np.ones((30,30, 3), np.uint8)*255

# 在画布上绘制一个左上角坐标为 (5,5)、右下角坐标为 (25, 25) 的黑色实心矩形
canvas = cv2.rectangle(canvas, (5, 5), (25, 25), (0, 0, 0), -1)

show_img(canvas)
```

效果如图 4.2.4 和图 4.2.5 所示，通过对比可以发现，空心矩形左上角（5,5）坐标在线框的中间位置的外围还有一圈宽度为 2 的区域，这就是为什么坐标相同、大小相同的矩形，空心要比实心大一圈的原因，圆形同理。

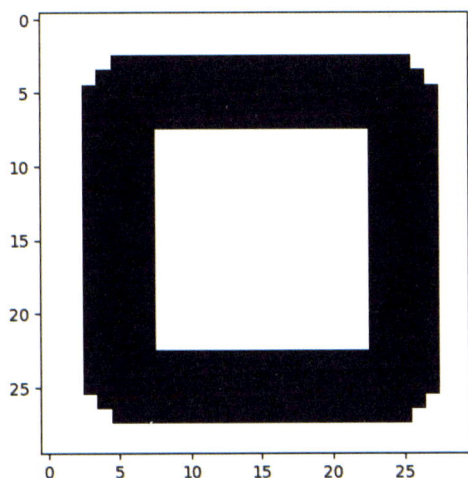

图 4.2.4　代码 4.3 的运行结果（1）　　　　图 4.2.5　代码 4.3 的运行结果（2）

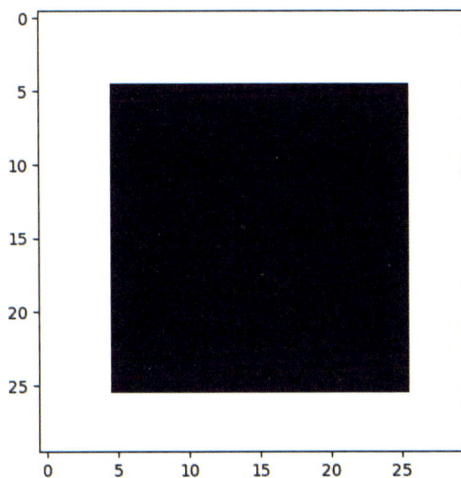

课堂练习

◆　练习 4.3：请自行编写程序，绘制一个红绿灯的图片，制作一张 600（宽）×400（长）

的画布，在画布上首先绘制一个长 550、高 200、框宽 10 的黑色矩形框，然后在里面依次均匀绘制半径为 50 的红、黄、绿色实心圆，效果可参考图 4.2.6。

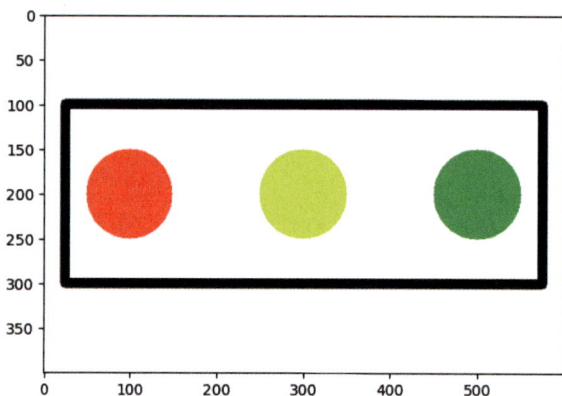

图 4.2.6　练习 4.3 的参考结果

4.3　绘制多边形

场景导入

Word 等软件同样提供了绘制多边形的功能，以作者所使用的 WPS 12.1 为例，通过"插入"→"形状"→"线条"→"任意多边形"操作即可开始在空白页上绘制多边形，在空白页上第一次单击可以绘制多边形的起点，拖动鼠标可以绘制线段，然后每单击一次，即可增加一个多边形的顶点，效果如图 4.3.1 所示。

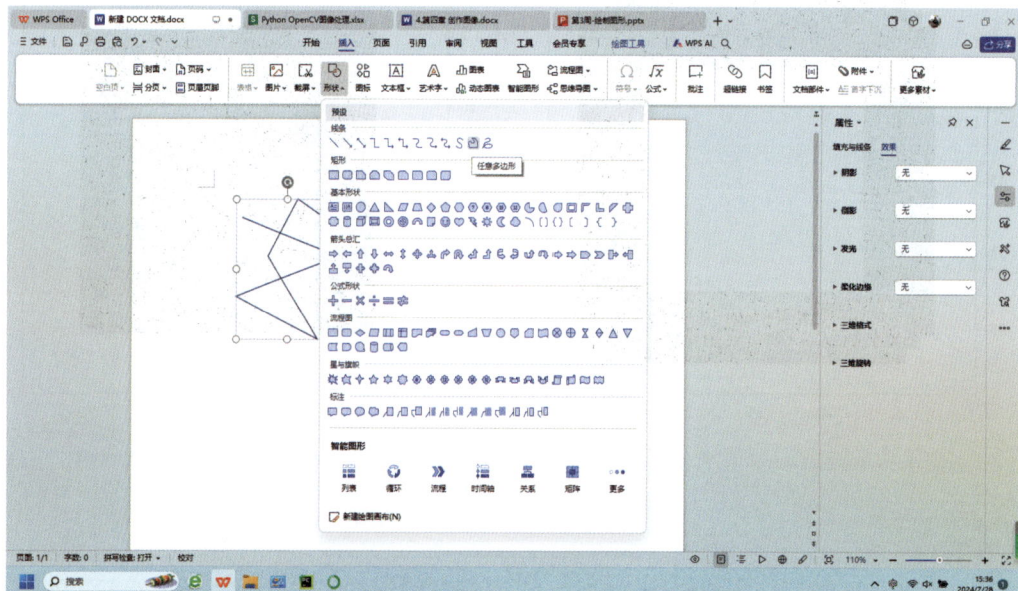

图 4.3.1　在 Word 中绘制多边形

在绘制的多边形上右击，选择"样式"选项，即可对多边形的颜色、粗细进行编辑，如图 4.3.2 所示。

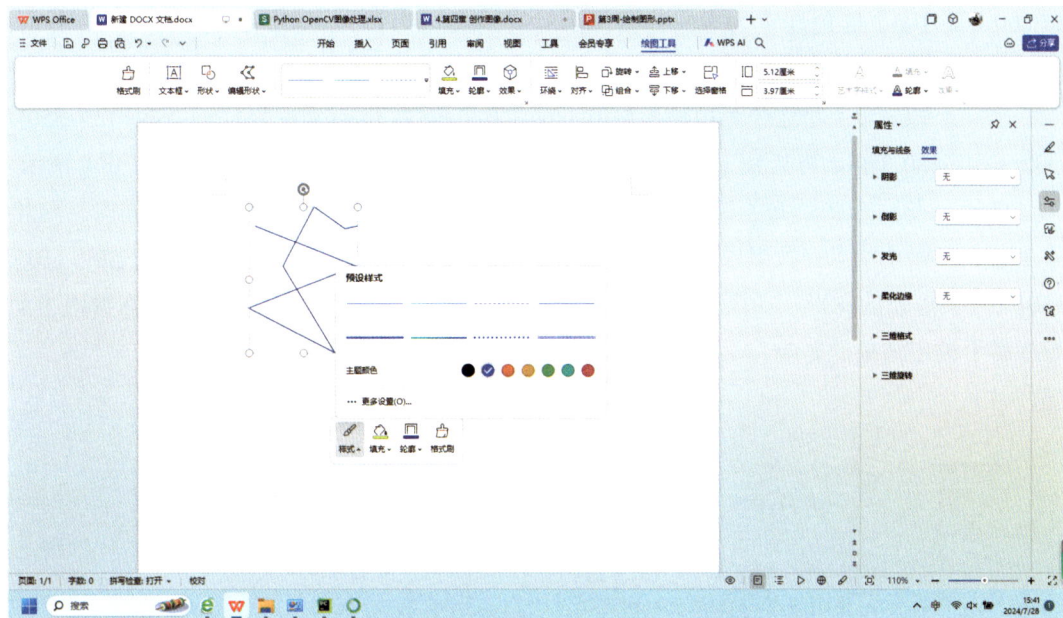

图 4.3.2　在 Word 中对多边形样式进行编辑

本节将学习如何使用 OpenCV 的自带方法绘制多边形。

学习目标

（1）掌握 OpenCV 中的 polylines() 方法。

（2）在空白画布上绘制多边形。

知识传递

OpenCV 提供的 polylines() 方法用于绘制多边形，polylines() 方法的语法格式如下：

```
img = cv2.polylines(img, pts, isClosed, color, thickness)
```

参数说明：

◆ img：画布。

◆ pts：由多边形各个顶点的坐标组成的一个列表，这个列表是 NumPy 数组类型。注意，多边形各个顶点在数组中的位置对于绘制的多边形非常重要，数组的第一个值是多边形的第一个顶点，第二个值是多边形的第二个顶点，以此类推。

◆ isClosed：如果值为 True，则表示一个闭合的多边形；如果值为 False，则表示一个不闭合的多边形。

◆ color：绘制多边形时的线条颜色。

◆ thickness：绘制多边形时的线条宽度。

📖 **演示体验**

首先创建一个 400（宽）×600（高）的白底画布，然后绘制一个上底长 100、下底长 200、高 100、红色线宽为 5 的等腰梯形，它的坐标为 [150, 50]、[250, 50]、[300, 150]、[100, 150]，观察返回的图形，如图 4.3.3（上）所示。

在同一张画布上将这个等腰梯形整体下移 200 个单位，4 点坐标为 [150, 250]、[250,250]、[300, 350]、[100, 350]，将其 isClosed 参数修改为 False，观察返回的图形，如图 4.3.3（中）所示。

最后，在同一张画布上将未闭合的等腰梯形整体下移 200 个单位，与此同时，更换第 3 顶点和第 4 顶点在数组中的位置，4 点坐标为 [150, 450]、[250, 450]、[100, 550]、[300, 550]。观察返回的图形，如图 4.3.3（下）所示，通过图形的变换了解顶点位置在数组中的顺序对于输出结果的影响。

代码 4.4 PolyLines.ipynb

```python
import numpy as np # 导入 NumPy
import cv2 # 导入 OpenCV
import matplotlib.pyplot as plt # 导入 pyplot


def show_img(bgr):
    # 将 BGR 格式的图像转换为 RGB 格式
    rgb = cv2.cvtColor(bgr, cv2.COLOR_BGR2RGB)
    # 用 Matplotlib 显示图像
    plt.imshow(rgb)


# 创建一个 600×400 的白色背景画布
canvas = np.ones((600, 400, 3), np.uint8)*255

# 设置多边形的 4 个顶点分别为 [150, 50]、[250, 50]、[300, 150]、[100, 150]
pts = np.array([[150, 50], [250, 50], [300, 150], [100, 150]], np.int32)
# 在画布上根据 4 个顶点的坐标绘制一个闭合的、红色的、线条宽度为 5 的等腰梯形边框
canvas = cv2.polylines(canvas, [pts], True, (0, 0, 255), 5)

# 设置多边形的 4 个顶点，整体下移 200 到 [150, 250]、[250, 250]、[300, 350]、
#[100, 350]
pts = np.array([[150, 250], [250, 250], [300, 350], [100, 350]], np.int32)
# 在画布上根据 4 个顶点的坐标绘制一个非封闭的、红色的、线条宽度为 5 的多边形
canvas = cv2.polylines(canvas, [pts], False, (0, 0, 255), 5)

# 设置多边形的 4 个顶点，整体再次下移 200 到 [150, 450]、[250, 450]、[100,
#550]、[300, 550]，与此同时，改变第 3 个顶点和第 4 个顶点的顺序
pts = np.array([[150, 450], [250, 450], [100, 550], [300, 550]],
np.int32)
# 在画布上根据 4 个顶点的坐标绘制一个封闭的、红色的、线条宽度为 5 的多边形
canvas = cv2.polylines(canvas, [pts], True, (0, 0, 255), 5)

show_img(canvas)
```

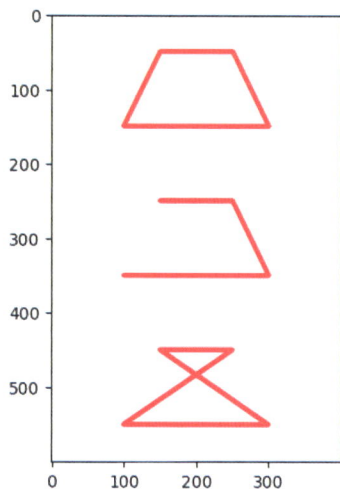

图 4.3.3　代码 4.4 的运行结果

◆ 练习 4.4：一笔画出五角星。在一个 300×300 的画布上，[150, 60]、[240, 120]、[210, 240]、[90, 240]、[60,120]5 个点是一个正 5 边形的 5 个顶点，如图 4.3.4 所示。请根据这 5 个点画出一个正五角星，如图 4.3.5 所示。红色边框，边框宽度为 5。

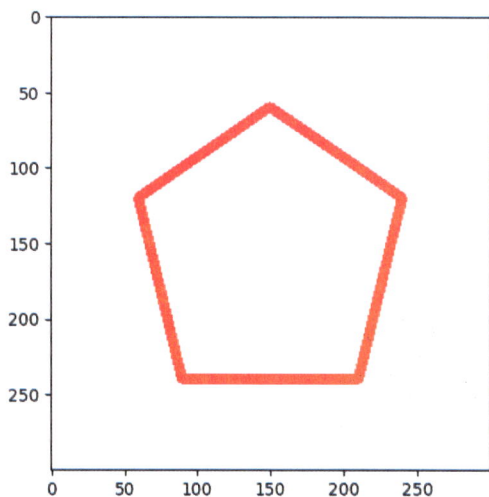

图 4.3.4　画出一个正五边形

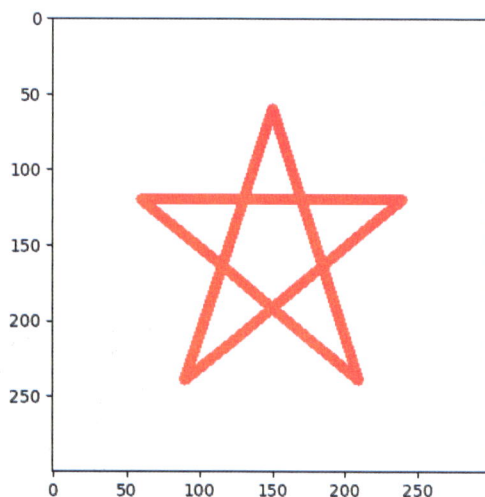

图 4.3.5　画出一个正五角星

4.4　编写文字

场景导入

在一张图片上增加文字也是我们经常会用到的一个功能。在计算机上，有各种软件可以帮助我们实现此效果。其中，最基本的一种方式是用 Windows 自带的"画图"工具打开文件对图片进行包括添加文字在内的多种编辑，如图 4.4.1 所示。

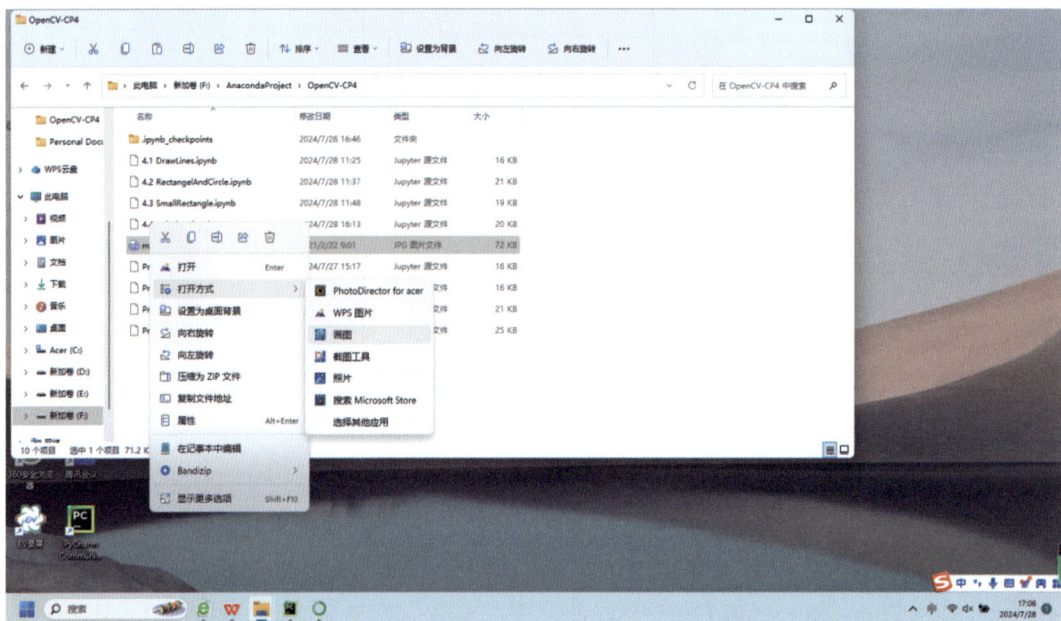

图 4.4.1　在 Windows 中以画图方式打开图片

如图 4.4.2 所示，图片打开后，选择工具栏中的"A（文本）"选项，然后拖动鼠标在图片上选出一个文本框，即可输入文字，同时还可以对文字的大小和颜色进行编辑。

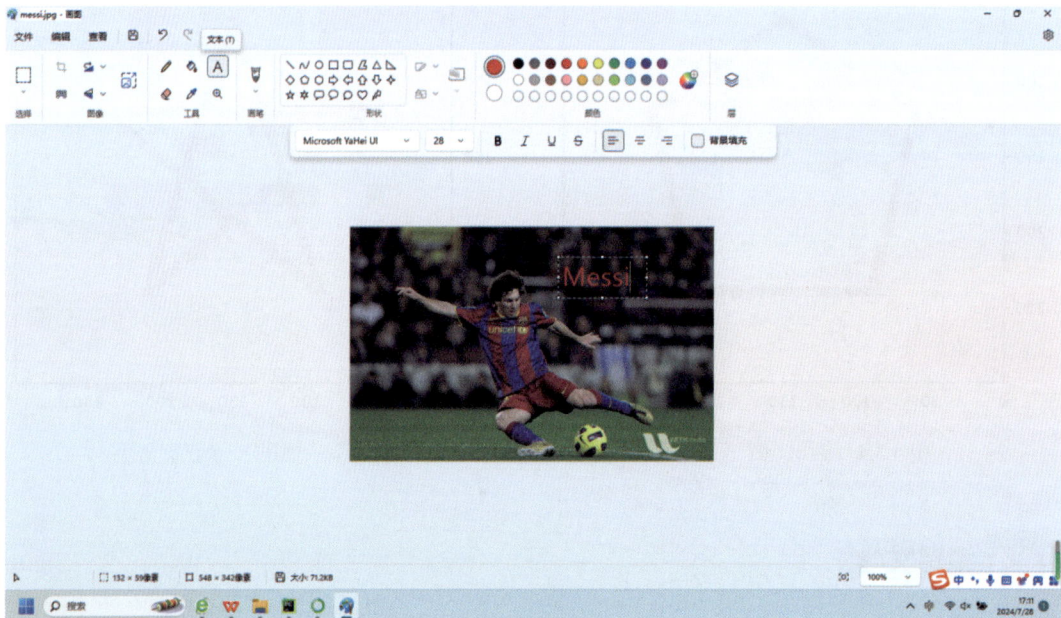

图 4.4.2　在画图软件中添加文字

本节将使用 OpenCV 实现在图片上增加文字的功能。

（1）掌握在 OpenCV 中使用 putText() 方法显示文字。

（2）学习如何在图片上增加文字。

📲 **知识传递**

OpenCV 的 putText() 方法用于绘制文字，它可以设置字体的样式、大小和颜色，还能够使字体呈现斜体的效果，控制文字的方向，实现文字垂直镜像的效果等。putText() 方法的语法格式如下：

```
img =cv2.putText(img,text,org, fontFace,fontScale,color,thickness,
lineType,bottomLeftOrigin)
```

参数说明：

◆ img：画布。

◆ text：要绘制的文字内容。

◆ org：文字在画布中的左下角坐标。

◆ fontFace：字体形式，可选参数如表 4.1 所示。

◆ fontScale：字体大小。

◆ color：绘制文字时的线条颜色。

◆ thickness：可选参数，绘制文字时的线条宽度。

◆ lineType：可选参数，线条的类型，有 4 和 8 两个值，默认值为 8。

◆ bottomLeftOrigin：可选参数，决定了图像数据的源点位置。有 True 和 False 两个值，默认值为 False。如果为 True，则图像数据原点位于左下角，此时文字将呈现垂直镜像效果；如果为 False，则图像数据原点在左上角。

表 4.1　OpenCV 中可选的字体样式

字体样式可选参数	字体呈现样式
FONT_HERSHEY_SIMPLEX	正常大小的 sans-serif 字体
FONT_HERSHEY_PLAIN	小号的 sans-serif 字体
FONT_HERSHEY_DUPLEX	正常大小的 sans-serif 字体 （比 FONT_HERSHEY_SIMPLEX 字样样式更复杂）
FONT_HERSHEY_COMPLEX	正常大小的 serif 字体
FONT_HERSHEY_TRIPLEX	正常大小的 serif 字体 （比 FONT_HERSHEY_COMPLEX 字样样式更复杂）
FONT_HERSHEY_COMPLEX_SMALL	FONT_HERSHEY_COMPLEX 字体样式的简化版
FONT_HERSHEY_SCRIPT_SIMPLEX	手写风格的字
FONT_HERSHEY_SCRIPT_COMPLEX	FONT_HERSHEY_SCRIPT_SIMPLEX 字体样式的进阶版
FONT_ITALIC	斜体

其中，FONT_ITALIC 可以和其他字体样式一同使用，以呈现倾斜效果。

演示体验

（1）不同字体展示：运行代码4.5，可以看到不同字体形式的"Hello World"（图4.4.3）。第一个 Hello World 的字体为 FONT_HERSHEY_SIMPLEX；第二个 Hello World 的字体为 FONT_HERSHEY_COMPLEX；第三个 Hello World 的字体为 FONT_HERSHEY_COMPLEX+FONT_ITALIC；第四个 Hello World 的 LineType 设置成了 4，但是我们看不到明显变化；第五个 Hello World 的 bottomLeftOrigin 设置为 True，呈现镜像效果。

代码4.5 TextFont.ipynb

```python
import numpy as np # 导入 NumPy
import cv2 # 导入 OpenCV
import matplotlib.pyplot as plt # 导入 pyplot

def show_img(bgr):
    # 将 BGR 格式的图像转换为 RGB 格式
    rgb = cv2.cvtColor(bgr, cv2.COLOR_BGR2RGB)
    # 用 Matplotlib 显示图像
    plt.imshow(rgb)

# 创建一个 600×500 的白色背景画布
canvas = np.ones((600, 500, 3), np.uint8)*255
# 在画布上绘制文字 "Hello World"，文字左下角的坐标为 (20, 70)
# 字体样式为 FONT_HERSHEY_SIMPLEX
# 字体大小为 2，线条颜色为红色，线条宽度为 5
cv2.putText(canvas, "Hello World!", (20, 70), cv2.FONT_HERSHEY_
SIMPLEX,2, (0, 0, 255), 5,8,False)

# 整体下移 100，字体改为 FONT_HERSHEY_COMPLEX
cv2.putText(canvas, "Hello World!", (20, 170), cv2.FONT_HERSHEY_
COMPLEX,2, (0, 0, 255), 5,8,False)

# 再下移 100，字体改为 FONT_HERSHEY_COMPLEX+FONT_ITALIC
cv2.putText(canvas, "Hello World!", (20, 270), cv2.FONT_HERSHEY_
COMPLEX+cv2.FONT_ITALIC,2, (0, 0, 255), 5,8,False)

# 再下移 100，字体为 FONT_HERSHEY_COMPLEX，LineType=4
cv2.putText(canvas, "Hello World!", (20, 370), cv2.FONT_HERSHEY_
COMPLEX,2, (0, 0, 255), 5,4,False)

# 整体下移 100，字体为 FONT_HERSHEY_COMPLEX，bottomLeftOrigin=True
cv2.putText(canvas, "Hello World!", (20, 470), cv2.FONT_HERSHEY_
COMPLEX,2, (0, 0, 255), 5,8,True)
show_img(canvas)
```

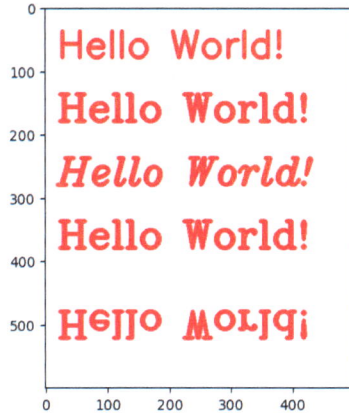

图 4.4.3 代码 4.5 的运行结果

（2）在图片上添加文字：同样的道理，可以打开一张图片，并在图片的指定位置上添加文字，运行代码 4.6，将"Messi"字样显示在图片的左上角，如图 4.4.4 所示。注意，OpenCV 不支持显示中文，如果输入中文"梅西"，则会显示一排"？"，如图 4.4.5 所示。

代码 4.6 PutTextOnPicture.ipynb

```
import cv2 # 导入 OpenCV
import matplotlib.pyplot as plt # 导入 pyplot

def show_img(bgr):
    # 将 BGR 格式的图像转换为 RGB 格式的图像
    rgb = cv2.cvtColor(bgr, cv2.COLOR_BGR2RGB)
    # 用 Matplotlib 显示图像
    plt.imshow(rgb)

image = cv2.imread("messi.jpg") # 读取源码所在目录下的 messi.jpg
# 字体样式为 FONT_HERSHEY_TRIPLEX
fontStyle = cv2.FONT_HERSHEY_TRIPLEX
# 在图片上绘制文字"Messi"，文字左下角的坐标为 (20, 100)
# 字体样式为 fontStyle，字体大小为 2，线条颜色为红色
cv2.putText(image, "Messi", (20, 100), fontStyle, 2, (0, 0, 255))
show_img(image)
```

图 4.4.4 在图片上显示英文

图 4.4.5　在图片上显示中文

课堂练习

◆ 练习 4.5：如果想在图片上显示中文，则需要借助另一个叫作 Pillow 的库（很多
Anaconda 会预安装此库），请自行上网查找该库的使用方法，学习如何在图片上
显示中文，并把"梅西"字样显示在 messi.jpg 上，如图 4.4.6 所示。

图 4.4.6　练习 4.5 的参考结果

4.5　任务 7：给图片加上水印

场景导入

水印是一种数字保护手段，在图像上添加水印既能证明本人的版权，还能对版权
保护做出贡献。我们经常会在图片上看到各种水印，很多软件都支持在原创图片上增加
水印，以作者常用的"图片编辑助手"为例，打开软件，选择"图片加水印"功能，如
图 4.5.1 所示，然后选择"添加照片"选项，选择想要添加水印的照片即可，如图 4.5.2
所示。

图 4.5.1　图片编辑助手软件的图片加水印功能

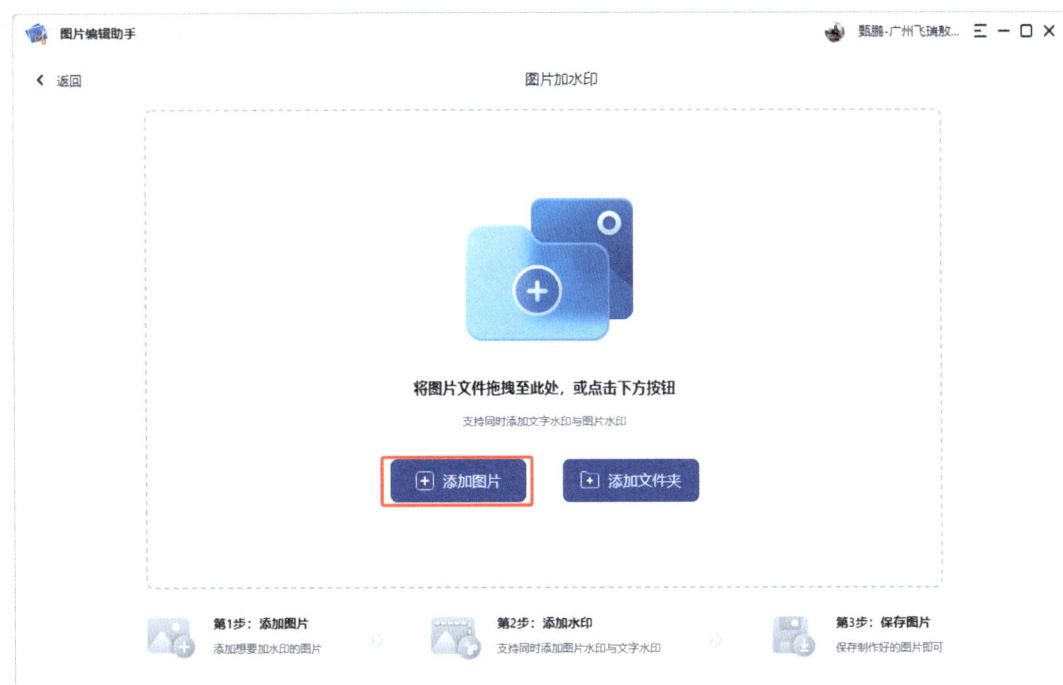

图 4.5.2　选择需要添加水印的图片

　　如图 4.5.3 所示，进入水印编辑界面后，在"内容"栏里面可以编辑水印的内容，拖曳图片上的水印框可以选择水印的位置，还可以编辑水印字体的大小、颜色、透明度等属性，最后单击"立即保存"按钮即可生成一张带有水印的新图片，如图 4.5.4 所示。

图 4.5.3　图片加水印的功能区

图 4.5.4　图片添加水印后的效果

任务目标

请在代码 4.7 的指定位置补充代码。运行程序后，如图 4.5.5 所示，在"Watermark:"后面的文本框内输入想要添加的水印内容，单击 Submit 按钮后，水印内容添加到了图片的 4 个角，如图 4.5.6 所示。

```
                        代码 4.7 AddWatermark.ipynb
import numpy as np # 导入 NumPy
import cv2 # 导入 OpenCV
import matplotlib.pyplot as plt # 导入 pyplot

from ipywidgets import Text,Button  # 导入 ipwidgets 的 Text
from IPython.display import display # 导入 display
```

```
def show_img(bgr):
    # 将 BGR 格式的图像转换为 RGB 格式的图像
    rgb = cv2.cvtColor(bgr, cv2.COLOR_BGR2RGB)
    # 用 Matplotlib 显示图像
    plt.imshow(rgb)

# 创建一个用于接收水印字样的 Text 文本框和一个"确认"按钮
text_widget = Text(value='Hello World!', description='Watermark:')
button_widget = Button(description='Submit')

# 显示文本框和按钮
display(text_widget)
display(button_widget)

image = cv2.imread("messi.jpg")  # 读取源码所在目录下的 messi.jpg

# 获取文本值
def handle_submit(button):
    print(text_widget.value)
    #############################
    # 在此处添加代码实现功能
    #############################

# 单击 submit 按钮，触发 handle_submit
button_widget.on_click(handle_submit)
```

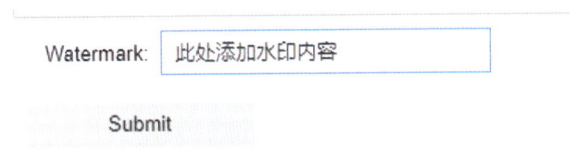

Watermark:　此处添加水印内容

Submit

图 4.5.5　运行代码 4.7 后显示的功能区

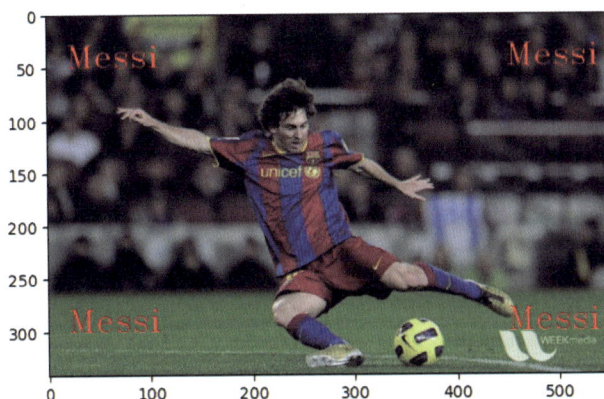

图 4.5.6　本任务完成后的预期结果

（1）代码 4.7 已经可以运行，现在运行的效果是，单击 Submit 按钮后，将"Watermark："后面输入的内容打印出来。请通过代码学习 widget 中文本和按钮控件的用法。

（2）在本例中，我们依然使用 messi.jpg 这张图片，可以判断它的尺寸，然后将四角水印的位置固定，以降低本任务的难度。

4.6 任务 8：给视频加上字幕

场景导入

视频上面有字幕是我们每天都会接触到的，字幕可以帮助普通观众更好地理解视频内容，并提高他们对所见所闻的记忆能力。通过字幕，观众可以更清楚地接收信息，从而更好地吸收和理解视频内容。

给视频添加字幕的原理也很简单，就是给视频的每帧画面放上对应的文字。例如，一句"你好"在视频中出现在第 1.0 ～ 2.0 秒，视频每秒 60 帧，那么就在 1.0 ～ 2.0 秒之间的 60 帧画面的相同位置放置文字"你好"即可。

很多视频编辑软件都提供了给视频添加字幕的功能，图 4.6.1 所示是笔者常用的"迅捷视频转换器"里的字幕添加功能。在该功能页面中，需要输入想要添加的字幕内容，以及该字幕在视频上显示的开始时间和结束时间。

图 4.6.1　迅捷视频转换器的视频加字幕功能界面

任务目标

请在代码 4.8 的指定位置补充代码，实现给 dialogue.mp4 文件添加字幕，并把添加字幕的视频文件命名为 new_dialogue.mp4，保存在代码目录内。

视频内，两个小朋友的对话内容及时间如下。

第 0～1 秒，无对话。

第 1～4 秒，"Girl：What do you usually do on Sunday."

第 4～8 秒，"Boy：I do my homework,and you ?"

第 8～12 秒，"Girl：I always help my parents do housework."

第 12～13 秒，"Boy：Like what?"

第 13～19 秒，"Girl：Sometimes I clean my room.Sometimes I clean the kitchen."

第 19 秒，"Boy：I never do housework on Sunday.But I often go shopping with my mum and dad."

代码 4.8 AddCaptions.ipynb

```
import cv2

video = cv2.VideoCapture("dialogue.mp4") # 打开视频文件
fps = video.get(cv2.CAP_PROP_FPS) # 获取视频文件的帧速率
# 获取视频文件的帧大小
size = (int(video.get(cv2.CAP_PROP_FRAME_WIDTH)),
        int(video.get(cv2.CAP_PROP_FRAME_HEIGHT)))
fourcc = cv2.VideoWriter_fourcc('X', 'V', 'I', 'D') # 确定视频被保存后
# 的编码格式
output = cv2.VideoWriter("new_dialogue.avi", fourcc, fps, size) # 创
# 建 VideoWriter 类对象
frame_Num = 0 # 记录视频帧数
position =(20,int(video.get(cv2.CAP_PROP_FRAME_HEIGHT))-80)# 字幕位置
S1 ="Girl:What do you usually do on Sunday."
S2 ="Boy:I do my homework,and you ?"
S3 ="Girl:I always help my parents do housework."
S4 ="Boy:Like what?"
S5 ="Girl:Sometimes I clean my room.Sometimes I clean the kitchen."
S6 ="Boy:I never do housework on Sunday.But I often go shopping with
my mum and dad."

print(size)
while (video.isOpened() ):
    ##########################
    # 请在此处补充代码
    ##########################

video.release()  # 关闭视频文件
output.release()  # 释放 VideoWriter 类对象
# 控制台输出提示信息
```

本任务的预期结果如图 4.6.2 所示。

图 4.6.2　本任务的预期结果

线索提示

　　通过帧速率可以知道每秒播放多少帧（图片）。第 1 ～ 2 秒的图片就是第 1*fps 张图到 2*fps 张图，在这些图片上添加对应文字即可。

第5章
图像变换和运算

　　笔者小时候陪父母去逛商场时，最喜欢的就是在商场楼梯间的哈哈镜前一阵照，看着变得奇奇怪怪的自己，不亦乐乎。哈哈镜的原理主要基于曲面镜引起的光线不规则反射与聚焦，形成了散乱的影像，从而让人的原本影像发生变化（图 5.1）。

　　OpenCV 中也提供了很多让图像发生几何变换的方法，如缩放、翻转等。本章的前三节将对其进行介绍。

　　这些几何变换的方法用起来非常简单，但是其本身都涉及复杂、精密的计算。本书不对复杂精密的计算进行深究，但是本章的后三节会对一些常用的图像运算（如图像加运算、图像位运算）进行介绍。

图 5.1　哈哈镜

5.1　图像的缩放和翻转

场景导入

　　（1）在不改变图片本身内容的情况下，对图片进行放大、缩小是我们在 Word 文档中插入图片后经常进行的操作。图 5.1.1 是笔者将第 5 章代码目录中的 CR7.jpg（尺寸为 220×220）插入本书 Word 书稿后的图片原始大小。图 5.1.2 是在 Word 上编辑图片后得到的缩小和放大的图片。

图 5.1.1　CR7.jpg 原图

图 5.1.2　缩小和放大后的图片

（2）图像的翻转是让图像在水平方向（X 轴）或者垂直方向（Y 轴）上照"镜子"，得到自己水平方向或者垂直方向上的镜像。举个更形象的例子，水平方向镜像就好比平静水面上景色的倒影，如图 5.1.3 所示；垂直镜像就好比我们每天在镜子中看到的自己，如图 5.1.4 所示。

出于对图片和视频的版权的考虑，其实我们在抖音和今日头条上看到的很多图片都是经过镜像处理的，大家之后使用时可以留心观察一下，会发现"明明是一台挂着中国牌照的汽车，但是它的方向盘却在右侧"等诸如此类的情况。

图 5.1.3　水平镜像场景

图 5.1.4　垂直镜像场景

📑 **学习目标**

（1）学习和掌握 OpenCV 中的 resize() 方法。

（2）学习和掌握 OpenCV 中的 flip() 方法。

📤 **知识传递**

1. 对图片进行缩放的 resize() 方法

OpenCV 提供的 resize() 方法可以随意更改图像的大小比例，resize() 方法有两种使用方式，一种是通过 dsize 参数实现缩放，另一种是通过 fx 和 fy 参数实现缩放。其语法格式如下：

```
dst = cv2.resize(src, dsize, fx, fy, interpolation)
```

参数说明：

◆ src：原始图像。

◆ dsize：输出图像的大小，格式为（宽, 高），单位为像素。参数的格式是一个元组，例如（100,200），表示将图像按照宽 100 像素、高 200 像素的大小进行缩放。当使用了 dsize 参数后，就可以不再使用后面的 fx 和 fy 参数了。

◆ fx，fy：可选参数。fx 是水平方向的缩放比例，fy 是竖直方向的缩放比例。例如，如果想让水平方向和垂直方向都扩大 1 倍，那么 fx=2，fy=2。如果想让水平方向和垂直方向都缩小到原来的一半，那么 fx=1/2，fy=1/3。同时使用 fx 和 fy 参数来确定图片的缩放比例，需要将 dsize 设置为 None。

◆ interpolation：可选参数。缩放的插值方式。在图像缩小或放大时需要删减或补充像素，该参数可以指定使用哪种算法对像素进行增减。建议使用默认值。

返回值说明：

◆ dst：缩放之后的图像。

2. 对图片进行翻转的 flip() 方法

OpenCV 通过 cv2.flip() 方法实现翻转效果，其语法格式如下：

```
dst =cv2.flip(src,flipCode)
```

参数说明：

◆ src：原始图像。

◆ flipCode：翻转类型，类型值如表 5.1 所示。

返回值说明：

◆ dst：翻转之后的图像。

表 5.1　flipCode 的翻转类型

参　　数	效　　果
0	沿 X 轴翻转
正数	沿 Y 轴翻转
负数	同时沿 X 和 Y 轴翻转

📖 **演示体验**

（1）对图片进行缩放：通过代码 5.1 ResizePicture.ipynb 读取源码所在目录下的 CR7.jpg 文件，并将其缩小到 110×110 像素和扩大到 440×440 像素，并将新的图片保存在代码所在目录，输入的原尺寸图片粘贴到 Word 中的大小如图 5.1.5 所示。

代码 5.1 ResizePicture.ipynb
```
import cv2 # 导入 OpenCV
img = cv2.imread("CR7.jpg")  # 读取图像
dst1 = cv2.resize(img, (110, 110))  # 按照宽 110 像素、高 110 像素的大小进
# 行缩放
dst2 = cv2.resize(img, (440, 440))  # 按照宽 440 像素、高 440 像素的大小进
# 行缩放
cv2.imwrite("110.jpg",dst1)# 保存 110×110 像素的图片
cv2.imwrite("440.jpg",dst2)# 保存 440×440 像素的图片
```

图 5.1.5　110×110 像素的图片（左）和 440×440 像素的图片（右）

（2）对图片进行翻转：代码 5.2 ResizePicture.ipynb 由 4 个 Cell 组成，第 1 个 Cell 读取源码所在目录下的 CR7.jpg 文件并显示，如图 5.1.6（左）所示，第 2 个 Cell 让图片沿 X 轴翻转，如图 5.1.6（右）所示，第 3 个 Cell 让图片沿 Y 轴翻转，如图 5.1.7（左）所示，第 4 个 Cell 让图片沿 X 轴和 Y 轴同时翻转一次，如图 5.1.7（右）所示。

图 5.1.6　原图（左），沿 X 轴翻转图（右）

图 5.1.7　沿 Y 轴翻转图（左），沿 X 轴再沿 Y 轴翻转图（右）

代码 5.2 ResizePicture.ipynb

```
Cell 1:
import cv2 # 导入 OpenCV
import matplotlib.pyplot as plt # 导入 pyplot

def show_img(bgr):
    # 将 BGR 格式的图像转换为 RGB 格式的图像
    rgb = cv2.cvtColor(bgr, cv2.COLOR_BGR2RGB)
```

```
    # 用 Matplotlib 显示图像
    plt.imshow(rgb)
img = cv2.imread("CR7.jpg")   # 读取图像
show_img(img)


Cell 2:
X_img = cv2.flip(img, 0)   # 沿 X 轴翻转
show_img(X_img)


Cell 3:
Y_img = cv2.flip(img, 1)   # 沿 Y 轴翻转
show_img(Y_img)


Cell 4:
XY_img = cv2.flip(img, -1)   # 沿 X 轴和 Y 轴同时翻转
show_img(XY_img)
```

📖 **课堂练习**

◆ 练习 5.1：代码 5.1ResizePicture.ipynb 使用了 dsize 参数来缩放图片，请修改代码使用 fx 和 fy 参数缩放图片，分别得到一张 110×110 像素和 440×440 像素的图片，并在 Jupyter Notebook 页面上显示（而不是保存在代码目录中）。

5.2 图像的仿射变换和透视

💡 **场景导入**

作者之前带着家人去旅游，总是因为拍照的问题被家人批评，说我拍出来的照片显得脑袋大、腿短、奇丑无比。然后，每次爱人让我拍照时，总是会叮嘱我把相机"低一点，再低一点，仰着拍"，这样拍出来才能显得"腿长"（图 5.2.1）。

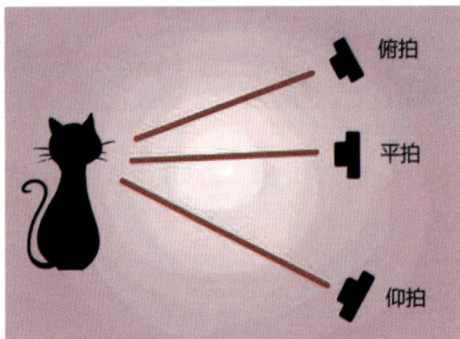

图 5.2.1　俯拍、平拍和仰拍

后来，我才知道这种"显腿长"的拍摄方法就是利用了本节将要介绍的"透视"效果。如图 5.2.2 所示，左图是原图，右图是经过"透视"效果处理的图片，果然显得脸小、

腿长了。

图 5.2.2　经过透视处理的图片

（1）了解图像仿射变换和透视的意义。

（2）掌握 OpenCV 中仿射变换 warpAffine() 方法的使用。

（3）掌握获取仿射矩阵的 getRotationMatrix() 方法和 getAffineTransform() 方法的使用。

（4）掌握 OpenCV 中实现透视效果的 warpPerspective() 方法的使用。

（5）掌握获取透视矩阵的 getPerspectiveTransform() 方法的使用。

知识传递

1. 理论知识

仿射变换是一种仅发生在二维空间中的几何变换。仿射变换会保持直线的"平直性"和"平行性"，也就是说，原来的直线变换之后还是直线，平行线变换之后还是平行线。透视是让图像在三维空间中变形。从不同的角度观察物体会看到不同的变形画面，例如矩形会变成不规则的四边形、直角会变成锐角或钝角、圆形会变成椭圆形等。这种变形之后的画面就是透视图。

如图 5.2.3 所示，常见的仿射变换有平移、旋转（图中的刚体）、相似（5.1 节所学的缩放）和倾斜（图中的仿射）。而经过透视变换的图片，不再保持之前的"平直性"和"平行性"。

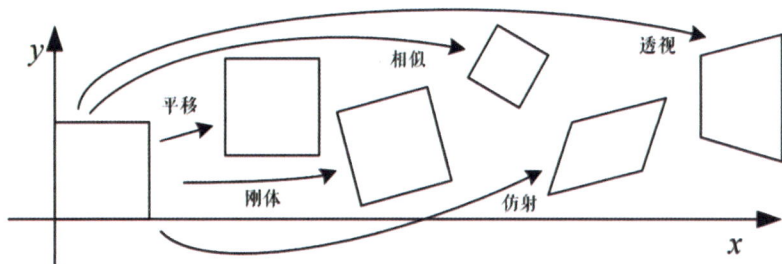

图 5.2.3　图像的仿射变换和透视

2. 仿射变换

OpenCV 通过 cv2.warpAffine() 方法实现仿射变换（平移、旋转和倾斜）效果，其语法格式如下：

```
dst = cv2.warpAffine(src,M, dsize, flags, borderMode,borderValue)
```

参数说明：

◆ src：原始图像。

◆ M：仿射矩阵，一个 2 行 3 列的矩阵，根据此矩阵的值变换原图中的像素位置。

◆ dsize：输出图像的尺寸。

◆ flags：可选参数，插值方式，建议使用默认值。

◆ borderMode：可选参数，边界类型，建议使用默认值。

◆ borderValue：可选参数，边界值，默认为 0，建议使用默认值。

返回值说明：

◆ dst：经过仿射变换后输出的图像。

在 warpAffine() 方法所需要的几个参数中，src 和 dsize 很好理解，flags、borderMode、borderValue 在初学阶段使用默认值即可，最关键的就是 M——仿射矩阵了。

仿射矩阵 M 是一个 2×3 的列表，我们把它表示为 M=[[A,B,C],[D,E,F]]，仿射变换之后的图像的每个像素点的位置和原图像像素点的位置关系是：

新 x(横坐标) = 原 x×A+ 原 y×B+C

新 y(纵坐标) = 原 x×D+ 原 y×E+F

1. 平移

对于平移图片来说，M=[[A,B,C],[D,E,F]] 比较好确定，在水平方向上的移动（横坐标会改变），让 A=1,B=0,左移则 C 取对应负值，右移则 C 取对应正值。在垂直方向上移动（纵坐标会改变），让 A=0,B=1,上移则 C 取对应负值，下移则 C 取对应正值即可。

2. 旋转

对于旋转图片来说，仿射矩阵 M 需要做很复杂的运算才能得出，于是 OpenCV 提供了 getRotationMatrix2D() 方法来自动计算旋转图像的矩阵 M。getRotationMatrix2D() 方法的语法格式如下：

```
M=cv2.getRotationMatrix2D(center, angle, scale)
```

参数说明：

◆ center：旋转的中心点坐标。

◆ angle：旋转的角度。正数表示逆时针旋转，负数表示顺时针旋转。

◆ scale：缩放比例，浮点类型。如果取值为 1，则表示图像保持原来的比例。

返回值说明：

◆ M：计算出的仿射矩阵。

3. 倾斜

对于倾斜图片来说，仿射矩阵 M 同样需要做很复杂的运算才能得出，所以 OpenCV 提供了 getAffineTransform() 方法来自动计算倾斜图像的矩阵 M。getAffineTransform() 方法的语法格式如下：

```
M =cv2.getAffineTransform(src,dst)
```

参数说明：

◆ src：一个 3×2（3 行 2 列）的 32 位浮点数列表，分别是原图的左上角、右上角和左下角的 3 点坐标。

◆ dst：一个 3×2（3 行 2 列）的 32 位浮点数列表，分别是图像倾斜后的左上角、右上角和左下角的 3 点坐标。

注意：无论是 src 还是 dst，都只需提供图片左上角、右上角和左下角的 3 点坐标即可，因为无论是 src 还是 dst，它们都需要保持平直性和平行性，所以右下角的坐标是可以通过 3 点坐标计算出来的。

返回值说明：

◆ M：计算出的仿射矩阵。

4. 透视

OpenCV 通过 warpPerspective() 方法来实现透视效果，其语法格式如下：

```
dst = cv2.warpPerspective(src, M, dsize,flags, borderMode,borderValue)
```

参数说明：

◆ src：原始图像。

◆ M：一个 3 行 3 列的矩阵，根据此矩阵的值变换原图中的像素位置。

◆ dsize：输出图像的尺寸。

◆ flags：可选参数，插值方式，建议使用默认值。

◆ borderMode：可选参数，边界类型，建议使用默认值。

◆ borderValue：可选参数，边界值，默认为 0，建议使用默认值。

返回值说明：

◆ dst：经过透视变换后输出的图像。

和仿射变换相同，在透视 warpPerspective() 方法中，最重要的就是找到矩阵 M，OpenCV 提供了 getPerspectiveTransform() 方法来自动计算矩阵 M。getPerspectiveTransform() 方法的语法格式如下：

```
M = cv2.getPerspectiveTransform(src, dst)
```

参数说明：

◆ src：一个 4×2（4 行 2 列）的 32 位浮点数列表，分别是原图的左上角、右上角、左下角和右下角的 4 点坐标。

◆ dst：一个 4×2（4 行 2 列）的 32 位浮点数列表，分别是透视图的左上角、右上角、左下角和右下角的 4 点坐标。

返回值说明：

◆ M：计算出的仿射矩阵。

演示体验

代码 5.3 TransferPicture.ipynb 由 5 个 Cell 组成，第 1 个 Cell 用于读取图片，并获取图片的长和宽。第 2 ～ 5 个 Cell 分别演示了图片经平移、旋转、倾斜和透视后的效果。

代码 5.3 TransferPicture.ipynb

```
Cell 1: 读取图片
import cv2 # 导入 OpenCV
import matplotlib.pyplot as plt # 导入 pyplot
import numpy as np

def show_img(bgr):
    # 将 BGR 格式的图像转换为 RGB 格式的图像
    rgb = cv2.cvtColor(bgr, cv2.COLOR_BGR2RGB)
    # 用 Matplotlib 显示图像
    plt.imshow(rgb)
img = cv2.imread("CartoonGirl.jpg")   # 读取图像
rows = len(img)  # 图像像素行数
cols = len(img[0])  # 图像像素列数


Cell 2: 平移图片
# 平移图片
M = np.float32([[1, 0, 30],   # 横坐标向右移动 30 个像素
                [0, 1, 50]])   # 纵坐标向下移动 50 个像素
dst1 = cv2.warpAffine(img, M, (cols, rows))
show_img(dst1)# 显示平移后的图片（见图 5.2.4）
```

图 5.2.4　平移后的图片

```
Cell 3: 旋转图片
# 旋转图片
```

```
center = (rows / 2, cols / 2)   # 确定图像的中心点位置
M = cv2.getRotationMatrix2D(center, 30, 1)   # 以图像为中心，逆时针旋转 30°
dst2 = cv2.warpAffine(img, M, (cols, rows))   # 按照矩阵 M 进行仿射
show_img(dst2)# 显示旋转后的图片（见图 5.2.5）
```

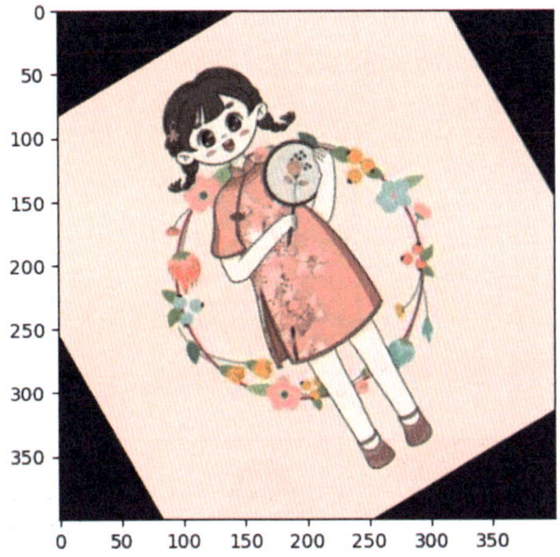

图 5.2.5　旋转后的图片

```
Cell 4：倾斜图片
p1 = np.zeros((3, 2), np.float32)   # 32 位浮点型空列表，原图 3 个点
p1[0] = [0, 0]   # 左上角点坐标
p1[1] = [cols - 1, 0]   # 右上角点坐标
p1[2] = [0, rows - 1]   # 左下角点坐标
p2 = np.zeros((3, 2), np.float32)   # 32 位浮点型空列表，倾斜图 3 个点
p2[0] = [50, 0]   # 左上角点坐标向右移 50 个像素
p2[1] = [cols - 1, -30]   # 右上角点坐标向上移 30 个像素
p2[2] = [0, rows - 1]   # 左下角点坐标位置不变
M = cv2.getAffineTransform(p1, p2)   # 根据 3 个点的变化轨迹计算矩阵 M
dst3 = cv2.warpAffine(img, M, (cols, rows))   # 按照矩阵 M 进行仿射
show_img(dst3) # 显示倾斜后的图片（见图 5.2.6）
```

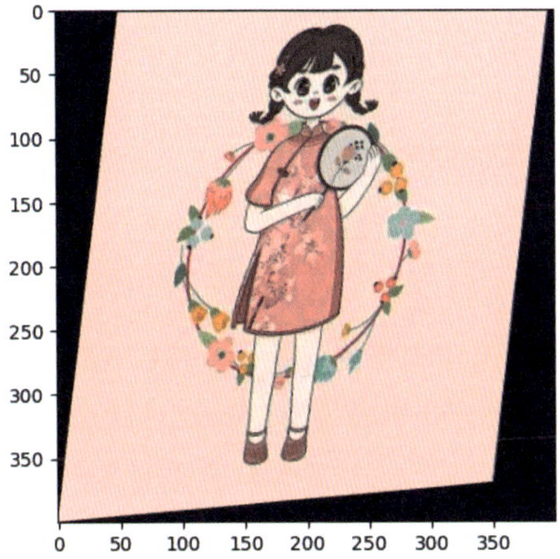

图 5.2.6　倾斜后的图片

99

```
Cell 5: 透视效果
p1 = np.zeros((4, 2), np.float32)   # 32 位浮点型空列表，保存原图 4 个点
p1[0] = [0, 0]   # 左上角点坐标
p1[1] = [cols - 1, 0]   # 右上角点坐标
p1[2] = [0, rows - 1]   # 左下角点坐标
p1[3] = [cols - 1, rows - 1]   # 右下角点坐标
p2 = np.zeros((4, 2), np.float32)   # 32 位浮点型空列表，保存透视图 4 个点
p2[0] = [90, 0]   # 左上角点坐标向右移动 90 个像素
p2[1] = [cols - 90, 0]   # 右上角点坐标向左移动 90 个像素
p2[2] = [0, rows - 1]   # 左下角点坐标位置不变
p2[3] = [cols - 1, rows - 1]   # 右下角点坐标位置不变
M = cv2.getPerspectiveTransform(p1, p2)   # 根据 4 个点的变化轨迹计算矩阵 M
dst4 = cv2.warpPerspective(img, M, (cols, rows))   # 按照矩阵 M 进行仿射
show_img(dst4) # 显示透视效果的图片（见图 5.2.7）
```

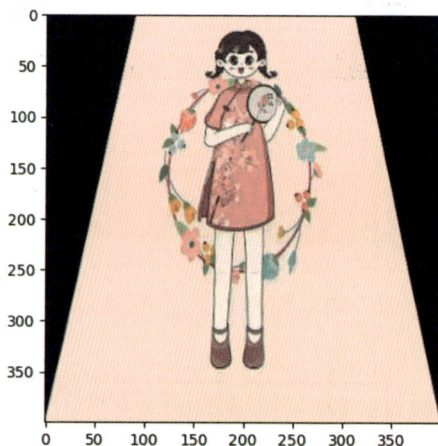

图 5.2.7　透视效果的图片

课堂练习

◆ 练习 5.2：请同学们修改平移、旋转、倾斜和透视的矩阵 M 的值，观察不同的仿射效果。

5.3 任务 9：实现修改图像尺寸功能

场景导入

我们在 5.1 节学习了改变图片大小的 resize() 方法，它对于调整图片的尺寸是很实用的功能。图 5.3.1 所示是图片编辑助手的修改图片尺寸功能界面，通过方框内的缩放功能区可以直接指定图片的宽度和高度，或者调整缩放比例（宽和高同比例缩放，所以用一个值就可以了），从而修改图片尺寸。

下面我们就来自己动手实现这个功能。

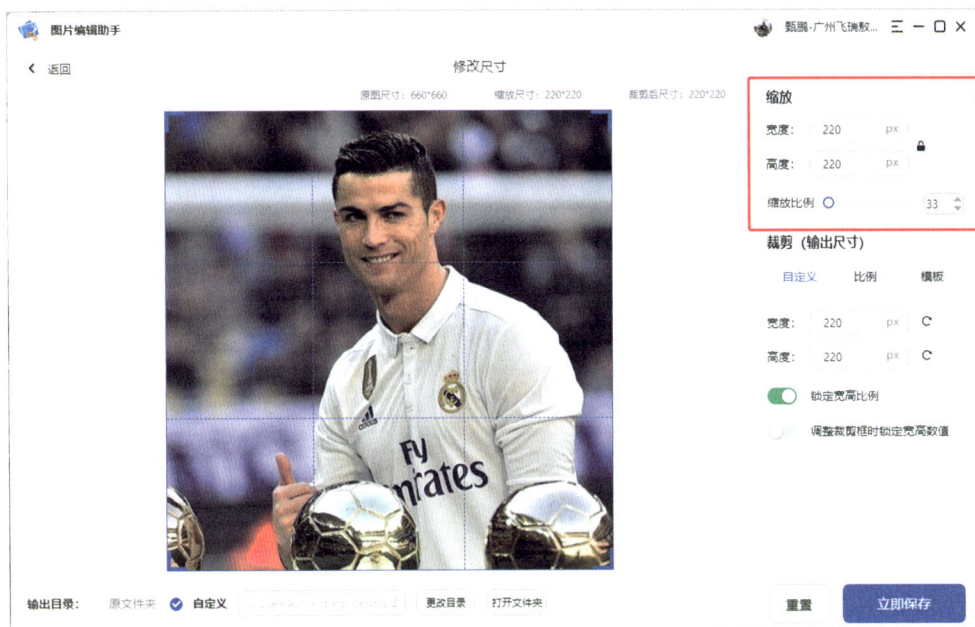

图 5.3.1　图片编辑助手软件的修改图片尺寸功能界面

任务目标

我们依然使用代码 3.1 SwitchType.ipynb 中的 Cell 1 部分的代码来完成图片的选择和上传操作。

然后在此基础上新增 Cell 2 代码块，设置 3 个输入文本框和 2 个按钮，如图 5.3.2 所示。3 个输入文本框分别用来接收新图片的宽度、高度和缩放比例，2 个按钮分别是"按指定尺寸缩放图片"和"按比例缩放图片"。

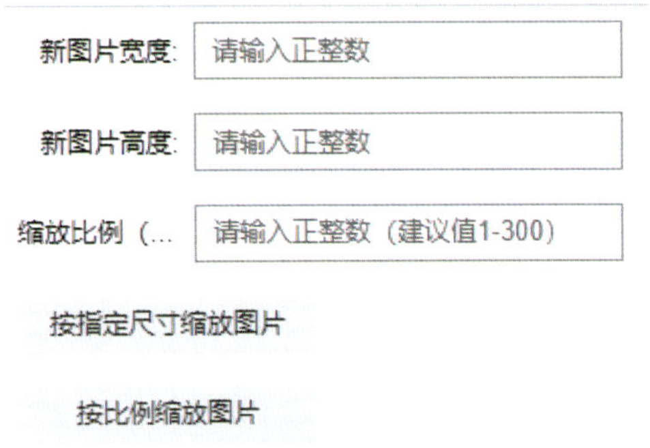

图 5.3.2　图片缩放功能交互区

当单击"按指定尺寸缩放图片"按钮后，获取宽度和高度文本框内的数据，进行图片缩放，并将图片在 Notebook 页面上显示，如图 5.3.3 所示。如果此时宽度或高度文本框内没有数据，则报错。

单击"按比例缩放图片"按钮后，获取缩放比例文本框内的数据，进行图片缩放，并将图片在 Notebook 页面上显示。如果此时缩放比例文本框内没有数据，则报错。

新图片宽度: 440

新图片高度: 440

缩放比例（… 请输入正整数（建议值1-300）

按指定尺寸缩放图片

按比例缩放图片

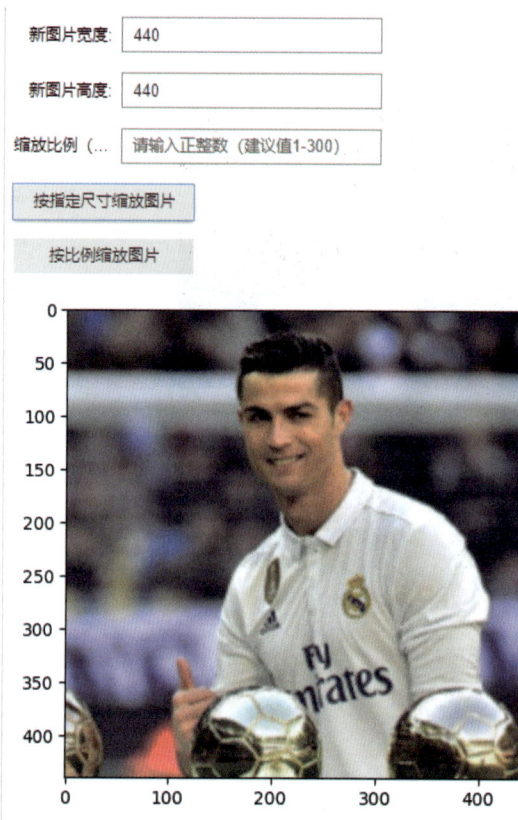

图 5.3.3　在 Notebook 上显示缩放后的图片

线索提示

回顾代码 3.2 CutPicture.ipynb，回忆如何添加和显示文本框和按钮，以及如何触发单击按钮后的回调函数。

5.4 图像的位运算

场景导入

无论学习的是哪一种编程语言或者哪一门计算机基础课程，都一定会看到"位运算"这个概念。这里，我们先回忆一下什么是位运算。

位运算是对整数在内存中的二进制位进行操作的方法，包括按位与（bitwise AND）、按位或（bitwise OR）、按位非（bitwise NOT）、按位异或（bitwise XOR）。

1. 按位与（bitwise AND）

符号：&。

运算规则：只有两个相应的二进制位都为 1 时，结果位才为 1，否则为 0。

示例：1010 & 1100 = 1000。

2. 按位或（bitwise OR）

符号：|。

运算规则：只要两个相应的二进制位中有一个为 1，结果位就为 1。

示例：1010|1100=1110。

3. 按位非（bitwise NOT）

符号：~。

运算规则：二进制位中的 0 变为 1，1 变为 0。

示例：~1010=0101。

4. 按位异或（bitwise XOR）

符号：^。

运算规则：当两个相应的二进制位相异时，结果为 1；当两个相应的二进制位相同时，结果为 0。

示例：1010^1100=0110。

我们知道，图像是由像素组成的，而像素又是由具体的正整数表示的。在计算机里，正整数都是以二进制格式保存的，因此图像也可以进行一系列包括位运算在内的数学运算，并且可以达到很多不同的效果。

接下来的 3 节将介绍图像的位运算、加法运算和合并图像的效果。

📋 学习目标

（1）掌握图像按位与方法 bitwise_add() 及其可实现的效果。

（2）掌握图像定位或方法 bitwise_or() 及其可实现的效果。

（3）掌握图像按位非方法 bitwise_not() 及其可实现的效果。

（4）掌握图像按位异或方法 bitwise_xor() 及其可实现的效果。

☁ 知识传递

1. 按位与

OpenCV 提供了 bitwise_and() 方法来对图像进行预运算，该方法的语法格式如下：

```
dst = cv2.bitwise_and(src1,src2,mask)
```

参数说明：

◆ src1：第一幅图像。

◆ src2：第二幅图像。

◆ mask：可选参数。

返回值说明：

◆ dst：与运算之后的结果图像。

我们之前已经学习过，在 OpenCV 中，像素点数的值为 255（二进制 11111111）则是白色，像素点的值为 0（二进制 00000000）则是黑色。

因此，逆运算有两个特点：

（1）如果某像素与纯白色像素做与运算，则结果仍然是某像素的原值，计算过程为 00101011 & 11111111 = 0101011；

（2）如果某像素与纯黑色像素做与运算，则结果为纯黑像素的值，计算过程为 00101011&00000000=00000000。

2. 按位或

OpenCV 提供了 bitwise_or() 方法来对图像进行或运算，该方法的语法格式如下：

```
dst = cv2.bitwise_or(src1,src2,mask)
```

参数说明：

◆ src1：第一幅图像。

◆ src2：第二幅图像。

◆ mask：可选参数，掩模。

返回值说明：

◆ dst：或运算之后的结果图像。

与按位与的原理相同，或运算也有两个特点：

（1）如果某像素与纯白色像素做运算，则结果是纯白色，计算过程为 00101011|11111111=11111111；

（2）如果某像素与纯黑色像素做或运算，则结果为原值，计算过程为 00101011|00000000=00101011。

3. 按位非

取反运算是一种单目运算，仅需一个数字参与运算就可以得出结果。OpenCV 提供了 bitwise_not() 方法来对图像进行取反运算，该方法的语法格式如下：

```
dst =cv2.bitwise_not(src,mask)
```

参数说明：

◆ src：参与运算的图像。

◆ mask：可选参数，掩模。

返回值说明：

◆ dst：取反运算之后的结果图像。

4. 按位异或

OpenCV 提供了 bitwise_xor() 方法来对图像进行异或运算，该方法的语法格式如下：

```
dst = cv2.bitwise_xor(src1,src2,mask)
```

参数说明：

◆ src1：第一幅图像。

◆ src2：第二幅图像。

◆ mask：可选参数，掩模。

返回值说明：

◆ dst：或运算之后的结果图像。

与按位与的原理相同，按位异或运算也有两个特点：

（1）如果某像素与纯白色像素做异或运算，则结果为原像素的取反结果，计算过程为 00101011^11111111=11010100；

（2）如果某像素与纯黑色像素做异或运算，则结果仍然是某像素的原值，计算过程为 00101011^00000000=00101011。

📖 演示体验

运行代码 5.4 BitwiseOperation.ipynb，体验图像位运算的效果。

代码由 6 个 Cell 组成。

第 1 个 Cell 读取代码目录中的 dog.jpg 作为 src1 并显示，如图 5.4.1（左）所示。

第 2 个 Cell 使用 NumPy 制作了一张和 dog.jpg 同样大小但上半部分是黑色、下半部分是白色的图片作为 src2 并显示，如图 5.4.1（右）所示。

第 3 个 Cell 将 src1 和 scr2 做预运算并显示结果，如图 5.4.2（左）所示。

第 4 个 Cell 将 src1 和 scr2 做或运算并显示结果，如图 5.4.2（右）所示。

第 5 个 Cell 对 src1 做非运算并显示结果，如图 5.4.3（左）所示。

第 6 个 Cell 将 src1 和 scr2 做异或运算并显示结果，如图 5.4.3（右）所示。

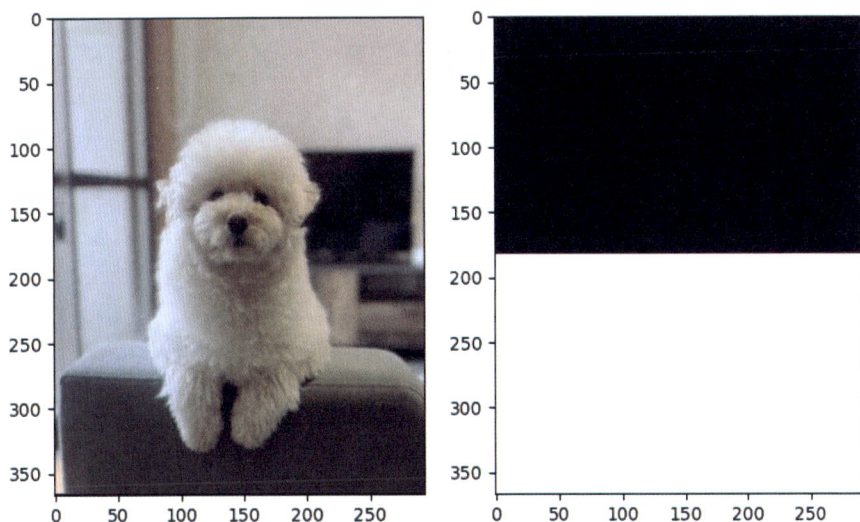

图 5.4.1　dog.jpg 用作 src1（左），上黑下白的图片用作 src2（右）

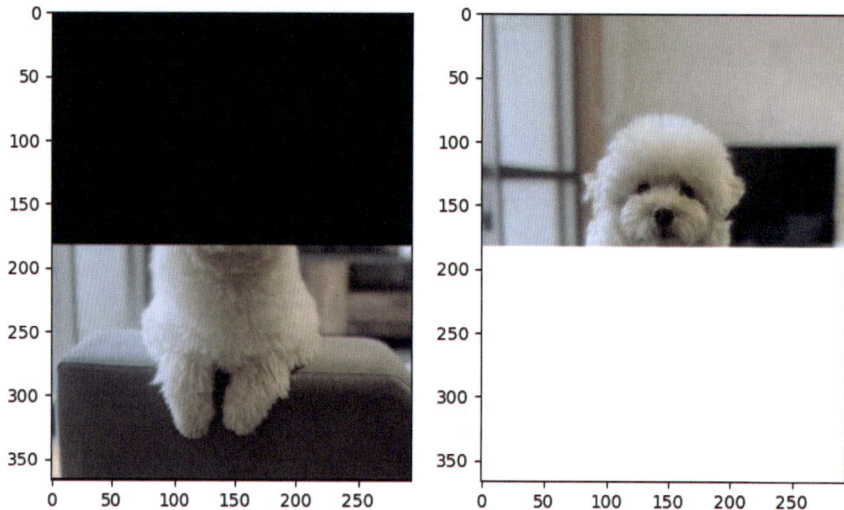

图 5.4.2　src1 和 src2 的按位与运算（左），src1 和 src2 的按位或运算（右）

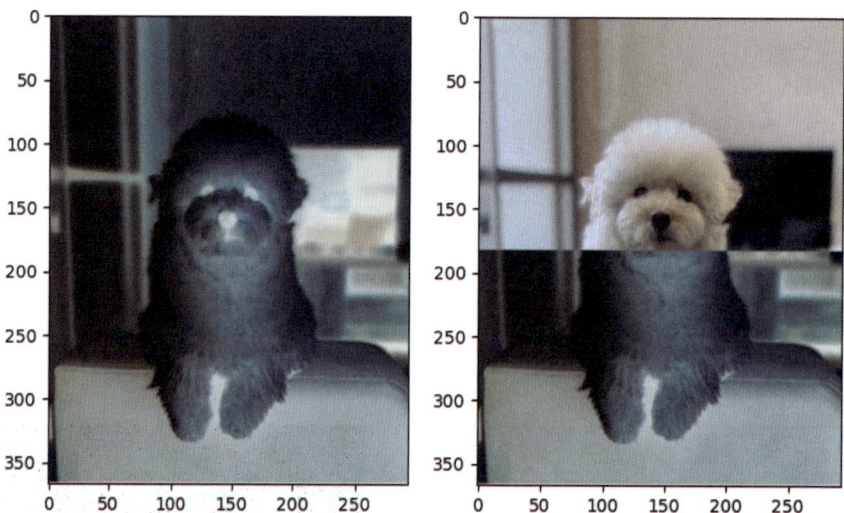

图 5.4.3　src1 的按位非运算（左），src1 和 src2 的按位异或运算（右）

代码 5.4 BitwiseOperation.ipynb

```
Cell 1:
import cv2
import numpy as np
import matplotlib.pyplot as plt # 导入 pyplot

def show_img(bgr):
    # 将 BGR 格式的图像转换为 RGB 格式
    rgb = cv2.cvtColor(bgr, cv2.COLOR_BGR2RGB)
    # 用 Matplotlib 显示图像
    plt.imshow(rgb)
src1=cv2.imread('dog.jpg')# 读取代码目录下的 dog.jpg 图片
```

106

```
height, width, channels = src1.shape #获取图片的高、宽和深度
show_img(src1)#显示原始图片

Cell 2:
#创建一个和src1同样大小的黑色画布src2
src2 = np.zeros((height, width, channels), dtype=np.uint8)
#给src2画布的下半部分全部赋值255，让其变成一半黑一半白的画布，用于之后的测试
src2[int(height/2):height, :, :] = 255
show_img(src2)

Cell 3:
#让src1和src2进行按位与运算并显示结果
AndResult=cv2.bitwise_and(src1,src2)
show_img(AndResult)

Cell 4:
#让src1和src2进行按位或运算并显示结果
OrResult=cv2.bitwise_or(src1,src2)
show_img(OrResult)

Cell 5:
#让src1进行按位取反运算并显示结果
NotResult=cv2.bitwise_not(src1)
show_img(NotResult)

Cell 6:
#让src1和src2进行按位异或运算并显示结果
XorResult=cv2.bitwise_xor(src1,src2)
show_img(XorResult)
```

课堂练习

◆ 练习 5.3：请同学们在代码 5.4 BitwiseOperation.ipynb 的基础上再新增一个 Cell，读取代码目录内的 dog.jpg 并保存为 src1，然后读取 key.jpg 并保存为 src2。让 src1 和 src2 做一次异或运算，保存为 result1，并显示 result1；再让 result1 和 src2 做一次异或运算，保存为 result2，并显示 result2，看看会有什么神奇的效果，从而理解简单图像加密的原理。

5.5 图像的加法运算

场景导入

大家在平常上网时有没有看到过在一张静止的图片上展现出一个人或物的多种状态的图片，如图 5.5.1 所示，这张图片展示了一只小猫在跳跃时的 3 种状态。

从摄影的角度讲，这种照片的拍摄手法叫作多重曝光（multiple exposure），这是摄影中的一种采用两次或者更多次独立曝光，然后将它们重叠起来以组成一张照片的技术。

图 5.5.1　多重曝光图片

OpenCV 同样提供了制作这种图片的方法，采取的方式就是图像的加法运算。本节就来学习图片的加法运算。

学习目标

（1）掌握 OpenCV 中 add() 方法的使用。

（2）掌握 OpenCV 中 addweighted() 方法的使用。

知识传递

OpenCV 中提供了 add() 和 addweighted() 两种方法进行图像相加。

在开发程序时，通常不会使用"+"运算符对图像做加法运算，而是用 OpenCV 提供的 add() 方法。

该方法的语法格式如下：

```
dst = cv2.add(src1, src2, mask, dtype)
```

参数说明：

- src1：第一幅图像。
- src2：第二幅图像。
- mask：可选参数，掩模，建议使用默认值。
- dtype：可选参数，图像深度，建议使用默认值。

返回值说明：

- dst：相加之后的结果图像。如果相加之后的值大于 255，则取 255。

我们再来看一下图 5.5.1，会发现图片上同一只猫的跳跃动作的 3 个形态，但是 3 个形态在图片上的"清晰"程度是不同的，也就是说，3 个形态在图片中的权重不同。OpenCV 中的 addweighted() 方法是计算加权和的方法，可以按照不同的权重取两幅图像的像素值之和，最后组成新图像。加权和不会像纯加法运算那样让图像丢失信息，而是在尽量保留原有图像信息的基础上把两幅图像融合到一起。

addWeighted() 方法的语法格式如下：

```
dst =cv2.addWeighted(src1,alpha, src2, beta, gamma)
```

参数说明：

◆ src1：第一幅图像。

◆ alpha：第一幅图像的权重。

◆ src2：第二幅图像。

◆ beta：第二幅图像的权重。

◆ gamma：在加和结果上添加的标量。该值越大，结果图像越亮，反之则越暗。可以是负数。

◆ 返回值说明：

◆ dst：叠加之后的图像。

演示体验

运行代码 5.5 AddPicture.ipynb，体验图像加法的运行效果。代码由 2 个 Cell 组成，第 1 个 Cell 首先读取 Flag.jpg 和 GreatWall.jpg，使用 add() 方法将两张图片相加并显示，如图 5.5.2 所示。第 2 个 Cell 使用 addWeighted() 方法将两张图片相加，其中五星红旗的权重设置成了 0.6，长城的权重设置成了 0.4，效果如图 5.5.3 所示。

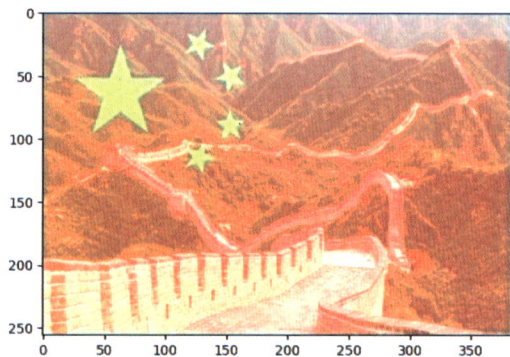

图 5.5.2　使用 add() 方法得到的图片

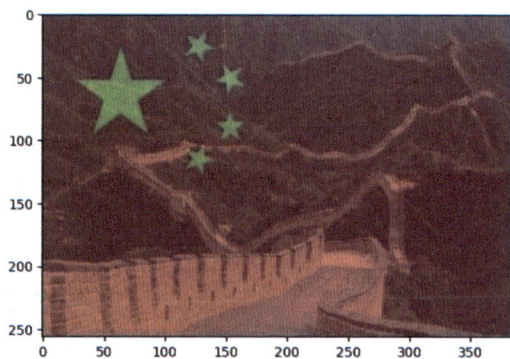

图 5.5.3　使用 addWeighted() 方法得到的图片

109

代码 5.5 AddPicture.ipynb

```
Cell 1:
import cv2
import numpy as np
import matplotlib.pyplot as plt # 导入 pyplot

def show_img(bgr):
    # 将 BGR 格式的图像转换为 RGB 格式的图像
    rgb = cv2.cvtColor(bgr, cv2.COLOR_BGR2RGB)
    # 用 Matplotlib 显示图像
    plt.imshow(rgb)

img1=cv2.imread('Flag.jpg')# 读取代码目录下的 Flag.jpg 图片
img2=cv2.imread('GreatWall.jpg')# 读取代码目录下的 GreatWall.jpg 图片

addPicture1=cv2.add(img1,img2)
show_img(addPicture1)

Cell 2:
addPicture2=cv2.addWeighted(img1,0.6,img2,0.4,0)
show_img(addPicture2)
```

📄 **课堂练习**

◆ 练习 5.4：调整代码 5.5 AddPicture.ipynb Cell 2 中的五星红旗和长城图片的权重值，观察不同的合成效果。

5.6 **任务 10：实现插入图片功能**

💡 **场景导入**

在本章配套的源码目录下有 hat_bgr.png 和 hat_bgra.png 两张图片，双击打开两张图片，hat_bgr.png 如图 5.6.1（左）所示，是我们常见的图片格式，而 hat_bgra.png 则如图 5.6.1（右）所示，帽子旁边的白色背景被白色和浅灰色的格子所代替。

图 5.6.1　不同格式的图片

这个由白色和浅灰色格子组成的区间就是"透明区域"，在 2.3 节"色彩空间"中，当图片是 BRGA 色彩空间且某个像素点的 A 通道被复制为 0 时，这个像素点就是一个透明像素点。

那么，透明的像素点有什么用处呢？

新建一个 PPT 文件并新增一张有背景填充色的幻灯片，然后在幻灯片中分别插入 hat_bgr.png 和 hat_bgra.png 两张图片，如图 5.6.2 所示，左边的帽子是 hat_bgr.png，我们看到，此时连图像的白色背景也一同插入了幻灯片，很影响美观；而右侧插入的 hat_bgra.png 图片没有带任何自身的背景，仅显示帽子本身的图片。

图 5.6.2　在幻灯片中插入两张照片

任务目标

本节的任务是在一个黑色背景画布的指定位置分别插入 hat_bgr.png 和 hat_bgra.png 两张图片，如图 5.6.3 所示。如果插入 hat_bgr.png，则它会将白色背景一同插入画布；如果插入 hat_bgra.png，则将不带白色背景。

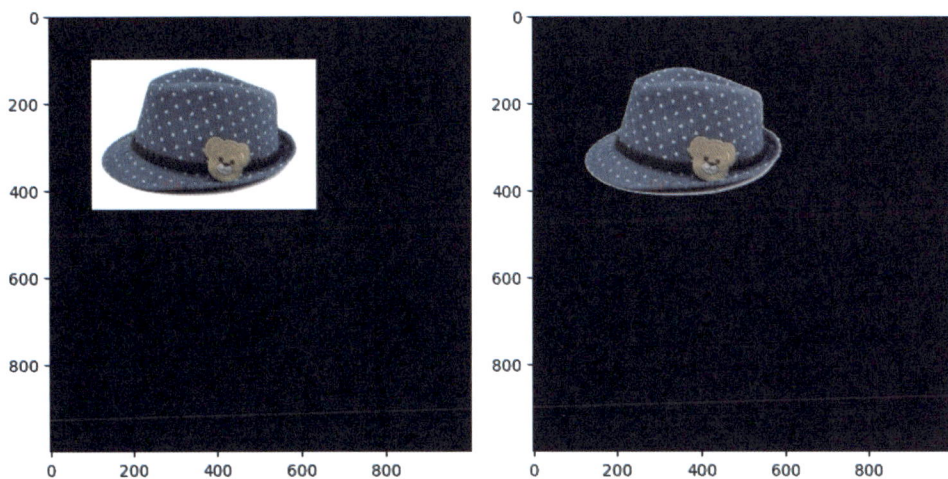

图 5.6.3　分别插入 hat_bgr.png 和 hat_bgra.png

代码 5.6 InsertPic.ipynb 由两个 Cell 组成，第 1 个 Cell 除了导入必要的库和实现 show_img() 方法外，还有两个文本输入框和一个"确认位置"按钮。两个文本输入框分别接收被插入图片在黑色画布中左上角的横坐标和纵坐标，如图 5.6.4 所示。单击"确认位置"按钮后，代码中的全局变量 top_X 和 top_Y 将分别存储这两个坐标。

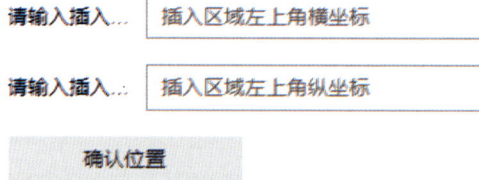

| 请输入插入... | 插入区域左上角横坐标 |
| 请输入插入... | 插入区域左上角纵坐标 |

确认位置

图 5.6.4　InsertPic 的交互界面

代码 5.6 InsertPic.ipynb-Cell 1

```python
import ipywidgets as widgets
from IPython.display import display, Image
import cv2
import numpy as np
import matplotlib.pyplot as plt # 导入 pyplot


def show_img(bgr):
    # 将 BGR 格式的图像转换为 RGB 格式的图像
    rgb = cv2.cvtColor(bgr, cv2.COLOR_BGR2RGB)
    # 用 Matplotlib 显示图像
    plt.imshow(rgb)


text1 = widgets.Text(
    value='',
    placeholder=' 插入区域左上角横坐标 ',
    description=' 请输入插入区域左上角的横坐标 ',
    disabled=False
)

text2 = widgets.Text(
    value='',
    placeholder=' 插入区域左上角纵坐标 ',
    description=' 请输入插入区域左上角的纵坐标 ',
    disabled=False
)
# 创建一个 Button 控件
button = widgets.Button(description=" 确认位置 ")
# 当单击按钮时，获取插入区域左上角的坐标
def on_button_click(b):
    global top_X,top_Y
```

```
        top_X=int(text1.value)#获取左上角的横坐标
        top_Y=int(text2.value)#获取左上角的纵坐标

# 当按钮被单击时，调用 on_button_click 函数
button.on_click(on_button_click)

# 显示文本框控件和按钮控件
display(text1)
display(text2)
display(button)
```

代码 5.6 InsertPic.ipynb 的第 2 个 Cell 首先创建一个 1000×1000 像素的黑色画布，然后读取代码目录中的图片。笔者已经实现了将 hat_bgr.png 3 通道图片插入黑色画布的功能，请在指定位置编写代码，实现将 4 通道 hat_bgra.png 图片插入黑色画布的功能。

代码 5.6 InsertPic.ipynb-Cell 2

```
# 创建一个 1000×1000 像素的黑色画布
canvas = np.zeros((1000, 1000, 3), np.uint8)


# 在读取图片时，要加上 cv2.IMREAD_UNCHANGED 参数，否则 4 通道图片也会按 3 通道读取
# 同样，如果使用代码 3.1 中选择文件的方法读取，则也都按 3 通道读取图片
image = cv2.imread("hat_bgr.png",cv2.IMREAD_UNCHANGED)
# 获取照片的高、宽和通道数
height,width,channel=image.shape
# 如果是一张 3 通道的图片，则将 image 图像里的每个像素依次复制到 canvas 画布上的对应位置
if channel==3:
    for x in range(0,width):
        for y in range(0,height):
            canvas[top_Y+y,top_X+x]=image[y,x]
# 如果是一张 4 通道的图片，则需要判断 image 图像里的每个像素点的 a 通道是否为 0
# 如果该像素点的 a 通道不为 0，则将该像素点的值赋给 canvas 画布上的对应像素点
if channel==4:
###########################################
# 请在此处补充代码
###########################################
show_img(canvas)
```

🚗 **线索提示**

（1）首先要判断 4 通道图片上的每个像素点的 a 通道是否为 0，为 0 则说明该像素点是透明的，无须显示；不为 0，则说明该像素点应该在黑色画布上显示出来。

（2）将 4 通道图片上的像素点的值赋值给画布时，不能直接用 3 通道的赋值方法 canvas[top_Y+y,top_X+x]=image[y,x]。因为这相当于将一个包含 4 个元素的元组复制给只包含 3 个元素的元组，系统会报错，思考该如何处理这个问题？

第6章
滤波器和图像形态学

本章将介绍滤波器和图像形态学这两个知识点，因为这两个知识点都涉及"核"的概念，所以把它们放在一章介绍。

6.1 节专门介绍"核"的概念。6.2 节介绍 4 种常用的滤波器。6.3 节～ 6.5 节介绍图像形态学的知识。6.6 节制作一支"马赛克笔"，实现给图片指定区域打上马赛克的效果。

6.1 核的概念

场景导入

不知道读者有没有使用过 Windows 系统自带的画图软件里面的橡皮擦功能。如图 6.1.1 所示，使用画图软件打开一张图片，启用"橡皮擦"功能，此时将鼠标移动到图片上，就会出现一个正方形的橡皮擦图标，按住鼠标左键，将图标在图片上划过，所过之处就会留下一片空白。

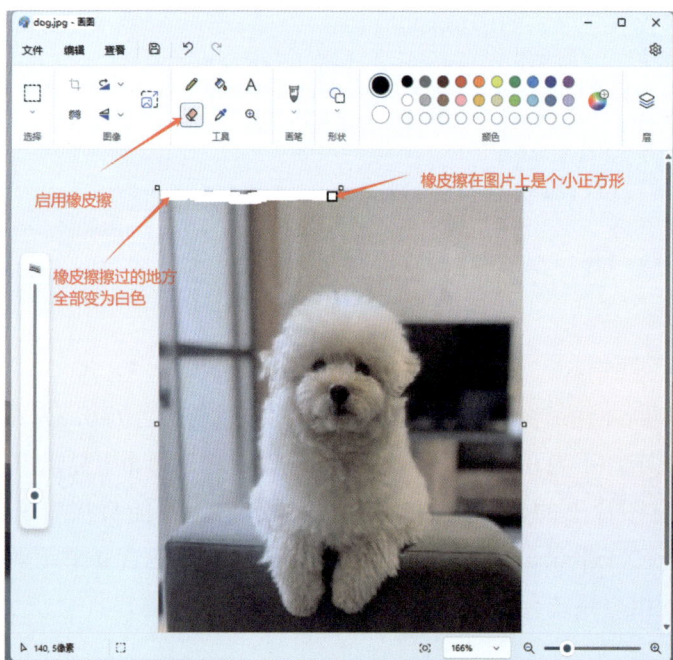

图 6.1.1　画图软件中的橡皮擦功能

知识传递

以下是通过大模型搜索出来的核的定义。

"在 OpenCV 滤波器和形态学中，核（Kernel）是一个小矩阵，也称为卷积矩阵或模板，它定义了在进行滤波或卷积操作时如何计算输出图像中每一个像素的值。核通过划过原始图像中的每一个像素，并将其覆盖的图像区域中的像素与核中的元素（权重）进行运算，从而得到处理后的图像。"

这段话有些晦涩难懂，但是通过刚刚列举的橡皮擦的例子就容易理解了。

在橡皮擦功能中，这个橡皮擦图标就是一个"核"（小的正方形矩阵），使用鼠标在图片上拖动橡皮擦，就是一个"让核划过原始图像"的过程，而橡皮擦这个"核"对其"覆盖的图像区域中的像素进行的运算"是将其像素 RGB 值全部赋值为 255，从而显示白色。

除了"橡皮擦核"可以把其所覆盖区域的像素值改为 255 外，还有很多其他核可以对其所覆盖区域的像素值进行不同方式的运算。

1. 均值核

均值核用于让其所覆盖区域的核心（均值核的中心点）像素值等于均值核所覆盖区域所有像素值的平均值。假设有一个 3×3 大小的原始图片区域，如图 6.1.2 所示，它的中心点像素的像素值是 3。

224	216	208
210	3	236
222	214	222

图 6.1.2　原始像素值

当有一个 3×3 大小的均值核完全覆盖它时，原始图中心点的像素值将会变为（224+216+208+210+3+236+222+214+222）/9=195。当均值核覆盖此区域后，此区域的像素值如图 6.1.3 所示。

224	216	208
210	195	236
222	214	222

图 6.1.3　经过均值运算后的像素值

2. 中值核

中值核用于让其所覆盖区域的核心（均值核的中心点）像素值等于中值核所覆盖区域所有像素值按大小序列排序后的中值。

依然以图 6.1.2 所示的原始像素值为例，9 个像素点的像素值从小到大排列依次是3，208，210，214，216，222，222，224，236，这个序列的中值是 216。所以当有一个3×3 大小的中值核完全覆盖它时，原始图中心点的像素值将会变为 216，此区域的像素值如图 6.1.4 所示。

224	216	208
210	216	236
222	214	222

图 6.1.4　经过中值运算后的像素值

3. 高斯核

在使用均值核时，是计算核所覆盖所有像素求出平均值，此时每个像素点的权重是一样的。但在高斯核中，越靠近核心的像素权重越大，越远离核心的像素权重越小，图 6.1.5 所示是一个 3×3 高斯核的权重分布，其中核心的权重值为 0.4，与核心相连的 4 个点的权重是 0.1，位于 4 个角的点的权重是 0.05。注意，所有权重点相加需要等于 1。

0.05	0.1	0.05
0.1	0.4	0.1
0.05	0.1	0.05

图 6.1.5　高斯核权重分布

依然以图 6.1.2 所示的原始像素值为例，当它被图 6.1.5 所示的高斯核覆盖时，它的核心像素点的像素值变为（224×0.05+216×0.1+208×0.05+210×0.1+3×0.4+236×0.1+222×0.05+214×0.1+222×0.05）=132.6，四舍五入取整后，核心像素点像素值为 133，如图 6.1.6 所示。

224	216	208
210	133	236
222	214	222

图 6.1.6　经过高斯运算后的像素值

除了上述 3 种核以外，还有很多其他种类的核可以采用不同的算法达到不同的效果，在此就不再一一介绍了。

6.2 滤波器

🔆 场景导入

读者是否有这样的感觉：去照相馆拍照总是比自己拍照好看？除了因为照相馆有专业的摄影师和更专业的拍摄设备外，照相馆的工作人员还会对拍出来的原始图片进行二次加工，让拍摄出来的人和物更美观，也就是我们常说的"P 图"。对人像进行 P 图的内容有很多，其中"点痣"是其中一项。如图 6.2.1 所示，就是利用 P 图软件点掉了人物眼角旁的美人痣。

图 6.2.1　利用 P 图点掉美人痣

　　图像中可能会出现这样一种像素：该像素与周围像素的差别非常大，导致从视觉上就能看出该像素无法与周围像素组成可识别的图像信息，降低了整个图像的质量，就好像人脸上的美人痣一样。这种"格格不入"的像素称为图像的噪声。在尽量保留原图像信息的情况下，去除图像内的噪声、降低细节层次信息等一系列过程称为图像的平滑处理，或者图像的模糊处理。

　　实现平滑处理最常用的工具就是本节将要介绍的滤波器。通过调节滤波器的参数，可以控制图像的平滑程度。

　　OpenCV 提供了种类丰富的滤波器，每种滤波器使用的算法均不同，但都能对图像中的像素值进行微调，让图像呈现平滑效果。

　　下面就让我们来一起学习滤波器的相关知识，看看我们是否有可能利用滤波器点掉人物的美人痣。

学习目标

　　（1）学习理解滤波器的概念。

　　（2）掌握均值滤波器 cv2.blur() 方法的使用。

　　（3）掌握中值滤波器 cv2.medianBlur() 方法的使用。

　　（4）掌握高斯滤波器 cv2.GaussianBlur() 方法的使用。

　　（5）掌握双边滤波器 cv2.bilateralFilter() 方法的特点和使用。

知识传递

1. 均值滤波器

　　均值滤波器用前文介绍的均值核作为滤波核，从而对原始图片上的每个像素点进行均值处理。OpenCV 将均值滤波器封装成了 blur() 方法，其语法格式如下：

```
dst = cv2.blur(src, ksize, anchor, borderType)
```

参数说明：

- ◆ src：被处理的图像。
- ◆ ksize：滤波核大小，其格式为（高度，宽度），建议使用如 (3,3)、(5,5)、(7,7) 等宽和高相等的奇数边长。
- ◆ anchor：可选参数，滤波核的锚点，建议使用默认值，可以自动计算锚点。
- ◆ borderType：可选参数，边界样式，建议使用默认值。

返回值说明：

- ◆ dst：经过均值滤波处理后的图像。

2. 中值滤波器

中值滤波器用前文介绍的中值核作为滤波核，对原始图片上的每个像素点进行中值化处理。OpenCV 将中值滤波器封装成了 medianBlur() 方法，其语法格式如下：

```
dst = cv2.medianBlur(src,ksize)
```

参数说明：

- ◆ src：被处理的图像。
- ◆ ksize：滤波核的边长，必须是大于 1 的奇数，例如 3、5、7 等。该方法会根据此边长自动创建一个正方形的滤波核。在使用中值滤波器时，滤波核的像素点必须是奇数才能找出中值。

返回值说明：

- ◆ dst：经过中值滤波处理后的图像。

3. 高斯滤波器

高斯滤波器是目前应用最广泛的平滑处理算法，是一种非常有效的图像平滑技术，它能够在去除图像噪声的同时，尽量保留图像的细节信息，使得处理后的图像看起来更加自然和清晰。高斯滤波器用前文介绍的高斯核作为滤波核，对原始图片上的每个像素点进行处理。

OpenCV 将高斯滤波器封装成了 GaussianBlur() 方法，其语法格式如下：

```
dst = cv2.GaussianBlur(src, ksize, sigmaX, sigmaY,borderType)
```

参数说明：

- ◆ src：被处理的图像。
- ◆ ksize：滤波核的大小，宽、高必须是奇数，如 (3,3)、(5,5) 等。
- ◆ sigmaX：卷积核水平方向的标准差。
- ◆ sigmaY：卷积核垂直方向的标准差。

修改 sigmaX 或 sigmaY 的值都可以改变卷积核中的权重比例。如果不知道如何设计这两个参数值，则可以直接把这两个参数的值写成 0，该方法就会根据滤波核的大小自动计算合适的权重比例。

- ◆ borderType：可选参数，边界样式，建议使用默认值。

返回值说明：

◆ dst：经过高斯滤波处理后的图像。

4. 双边滤波器

在接下来的演示体验环节中，大家可以看到，经过均值、中值或者高斯滤波器处理过的图像的整体画面，尤其是图像中人或物的边缘区域非常模糊（所以滤波也称为模糊处理）。双边滤波器（bilateral filter）是一种非线性的滤波方法，它结合了图像的空间邻近度和像素值相似度，以达到"保边去噪"的目的，能够很好地保留图像的边缘信息，这是因为它在滤波过程中考虑了像素值的相似性。当像素值差异较大时，双边滤波器会减小这些像素对中心像素的影响，从而保持图像边缘的锐利。

OpenCV 将双边滤波器封装成了 bilateralFilter() 方法，其语法格式如下：

```
dst = cv2.bilateralFilter(src,d,sigmaColor, sigmaSpace,borderType)
```

参数说明：

◆ src：被处理的图像。

◆ d：以当前像素为中心的整个滤波区域的直径。如果 d<0，则自动根据 sigmaSpace 参数计算得到。该值与保留的边缘信息数量呈正比，与方法运行效率呈反比。

◆ sigmaColor：参与计算的颜色范围，这个值是像素颜色值与周围颜色值的最大差值，只有颜色值之差小于这个值时，周围的像素才会进行滤波计算。当值为 255 时，表示所有颜色都参与计算。

◆ sigmaSpace：坐标空间的 0(sigma) 值，该值越大，参与计算的像素数量就越多。

◆ borderType：可选参数，边界样式，建议使用默认值。

返回值说明：

◆ dst：经过双边滤波处理后的图像。

📖 **演示体验**

代码 6.1 blur.ipynb 由 5 个 Cell 组成，Cell 1 读取源码所在目录下的 reba.jpg 文件并显示原图，如图 6.2.2 所示。

```
代码 6.1 blur.ipynb Cell 1
import cv2 # 导入 OpenCV
import matplotlib.pyplot as plt # 导入 pyplot


def show_img(bgr):
    # 将 BGR 格式的图像转换为 RGB 格式的图像
    rgb = cv2.cvtColor(bgr, cv2.COLOR_BGR2RGB)
    # 用 Matplotlib 显示图像
    plt.imshow(rgb)
img = cv2.imread("reba.jpg")   # 读取图像
show_img(img)
```

图 6.2.2　原图

代码的 Cell 2 部分选择 9×9 大小的核对原始图片进行了均值过滤，效果如图 6.2.3 所示，可以发现，人脸上的美人痣变淡了，但是整体图片也变模糊了。

```
代码 6.1 blur.ipynb Cell 2
dst1 = cv2.blur(img, (9,9))
show_img(dst1)
```

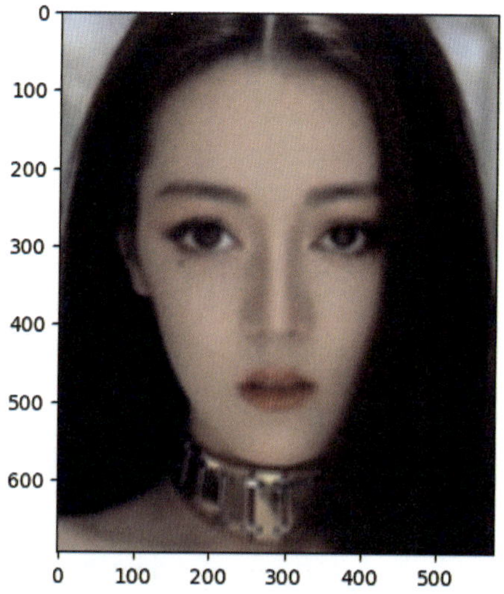

图 6.2.3　经过均值过滤后的图片

代码的 Cell 3 部分选择 9×9 大小的核对原始图片进行了中值过滤，效果如图 6.2.4 所示，可以发现，虽然整体图片模糊，但是美人痣没有了。

```
代码 6.1 blur.ipynb Cell 3
dst2 = cv2.medianBlur(img,9)
show_img(dst2)
```

图 6.2.4　经过中值过滤后的图片

代码的 Cell 4 部分选择 9×9 大小的核对原始图片进行了高斯过滤，效果如图 6.2.5 所示。与均值滤波处理相比，在核大小相同的情况下，图片清晰度稍高，显得更为平滑。

代码 6.1 blur.ipynb Cell 4

```
dst3 = cv2.GaussianBlur(img, (9, 9), 0, 0)
show_img(dst3)
```

图 6.2.5　经过高斯过滤后的图片

代码的 Cell 5 部分选择 9×9 大小的核对原始图片进行了双边过滤，效果如图 6.2.6 所示。与前 3 种过滤效果相比，经过双边过滤的图片清晰度最高，边缘清晰，同时美人痣也变小了一圈。

代码 6.1 blur.ipynb Cell 5

```
dst4 = cv2.bilateralFilter(img, 9, 120, 100)
```

```
show_img(dst4)
```

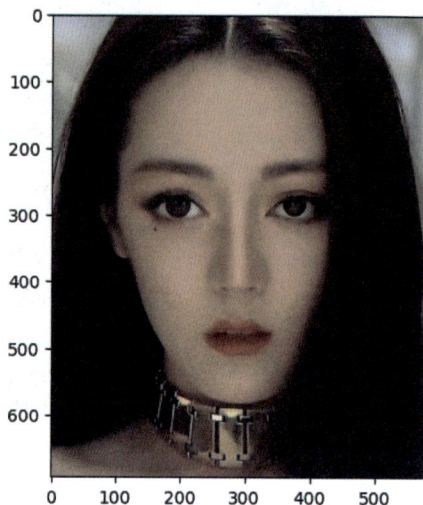

图 6.2.6　经过双边过滤后的图片

课堂练习

◆ 练习 6.1：为什么经过中值处理后，图片中的美人痣消失了？
◆ 练习 6.2：尝试使用不同大小的过滤核，观察处理效果。

6.3 腐蚀与膨胀

场景导入

　　从本节开始，我们将学习和了解 OpenCV 在图像形态学中的应用。图像形态学也称为数字形态学或图像代数，是一种基于形态特征的图像处理技术。它以图像的形态特征为研究对象，描述图像的基本特征和基本结构，即描述图像中元素与元素、部分与部分之间的关系。图像形态学的基本思想是利用一种特殊的结构元素（通常是一个小形状或模板）来测量或提取输入图像中相应的形状或特征，以便进一步进行图像分析和目标识别。

　　本节将要介绍的腐蚀与膨胀是图像形态学的基础。腐蚀（Erosion）操作会使图像中的高亮区域缩小或细化，通常用于去除小的噪声点、分离连接的对象或平滑对象的边界。而膨胀（Dilation）与腐蚀相反，膨胀操作会使图像中的高亮区域扩大，常用于填补对象内部的空洞、连接邻近的对象或使对象的边界变得更加平滑。

　　举一个形象的例子，腐蚀就像男生需要刮掉下巴上的胡茬，让自己看起来清爽帅气，同时让脸看上去消瘦一圈。而膨胀就像女生需要往脸上抹一层"厚厚"的粉底，让皮肤看上去更光滑细腻，而且让脸看起来更为圆润，如图 6.3.1 所示。

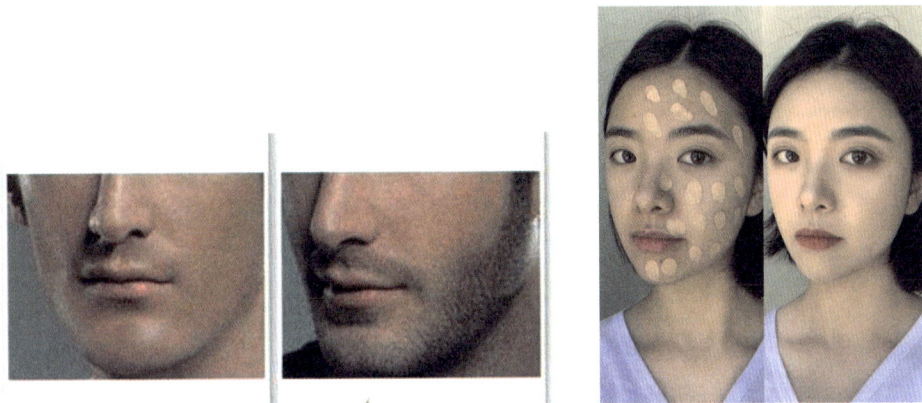

图 6.3.1　腐蚀好比刮胡子，膨胀好比抹粉底

📖 学习目标

（1）学习和掌握 OpenCV 中腐蚀 cv2.erode() 方法的使用。

（2）学习和掌握 OpenCV 中膨胀 cv2.dilate() 方法的使用。

📦 知识传递

（1）OpenCV 将腐蚀操作封装成了 erode() 方法，该方法的语法格式如下：

```
dst = cv2.erode(src,kernel,anchor, iterations, borderType, borderValue)
```

参数说明：

◆ src：原始图像。

◆ kernel：腐蚀使用的核。

◆ anchor：结构元素的锚点，表示结构元素中心点的位置。默认情况下，锚点位于结构元素的中心。在大多数情况下，不需要修改此参数。

◆ iterations：可选参数，腐蚀操作的迭代次数，默认值为 1。

◆ borderType：可选参数，边界样式，建议使用默认值。

◆ borderValue：可选参数，边界值，建议使用默认值。

返回值说明：

◆ dst：经过腐蚀处理后的图像。

（2）OpenCV 将膨胀操作封装成了 dilate() 方法，该方法的语法格式如下：

```
dst = cv2.dilate(src, kernel, anchor,iterations, borderType, borderValue)
```

参数说明：

◆ src：原始图像。

◆ kernel：膨胀使用的核。

◆ anchor：结构元素的锚点，表示结构元素中心点的位置。默认情况下，锚点位于结构元素的中心。在大多数情况下，不需要修改此参数。

◆ iterations：可选参数，腐蚀操作的迭代次数，默认值为 1。

◆ borderType：可选参数，边界样式，建议使用默认值。

◆ borderValue：可选参数，边界值，建议使用默认值。

返回值说明：

◆ dst：经过膨胀处理后的图像。

（3）在 cv2.erode() 和 cv2.dilate() 方法所需的函数中，又都有"kernel 核"这个概念，它的作用和本章前两节介绍的一样，即一个小的矩阵划过原始图片上所有的像素点，并通过特定的算法对像素点上的像素值进行运算操作。此处，我们不需要了解腐蚀和膨胀的核对像素点进行了怎样的运算，只需要了解核的创建方法即可，它通常使用 NumPy 来创建，代码如下：

```
import numpy as np
k = np.ones((5, 5), np.uint8)    # 使用 NumPy 模块的 ones() 方法创建了一个 5 行
                                   5 列的核
```

📖 **演示体验**

代码 6.2 ErodeAndDilate.ipynb 由 3 个 Cell 组成，Cell 1 读取源码所在目录下的 j.png 文件并显示原图，如图 6.3.2 所示，同时还创建了一个 3×3 大小的核。

```
           代码 6.2 ErodeAndDilate.ipynb-Cell 1
import cv2 # 导入 OpenCV
import matplotlib.pyplot as plt # 导入 pyplot
import numpy as np

def show_img(bgr):
    # 将 BGR 格式的图像转换为 RGB 格式的图像
    rgb = cv2.cvtColor(bgr, cv2.COLOR_BGR2RGB)
    # 用 Matplotlib 显示图像
    plt.imshow(rgb)
img = cv2.imread("j.png")    # 读取图像
show_img(img)
k = np.ones((3, 3), np.uint8)    # 创建 3×3 的数组作为核
```

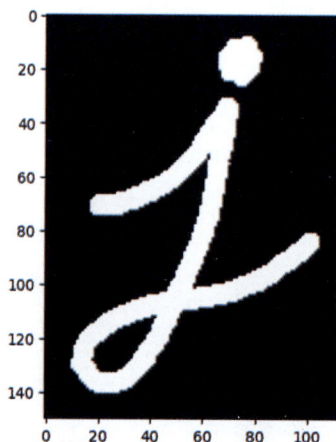

图 6.3.2　j.png 原图

　　代码 6.2 ErodeAndDilate.ipynb 的 Cell 2 部分使用 3×3 的核对原图进行了腐蚀操作，腐蚀后的图片如图 6.3.3 所示，字体明显变细了。

代码 6.2 ErodeAndDilate.ipynb-Cell 2

```
dst1 = cv2.erode(img, k)  # 腐蚀操作
show_img(dst1)
```

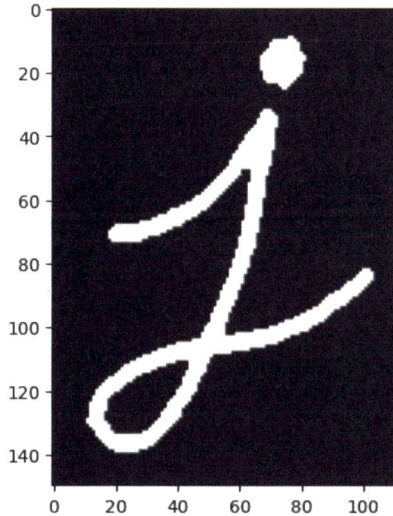

图 6.3.3　腐蚀后的图片

　　代码 6.2 ErodeAndDilate.ipynb 的 Cell 3 部分使用 3×3 的核对原图进行了膨胀操作，膨胀后的图片如图 6.3.4 所示，字体明显"胖"了一圈。

代码 6.2 ErodeAndDilate.ipynb-Cell 3

```
dst2 = cv2.dilate(img, k)  # 膨胀操作
show_img(dst2)
```

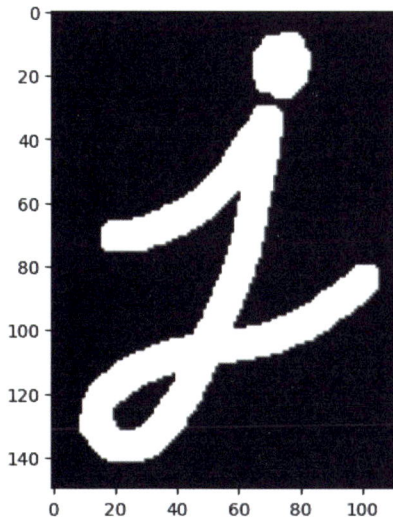

图 6.3.4　膨胀后的图片

◆ 练习 6.3：修改代码 6.2 ErodeAndDilate.ipynb，让其读取代码目录下的 cat.jpg 图片，然后分别对图片进行腐蚀和膨胀操作并显示，观察返回结果和你的预期是否一样。如果不一样，请分析原因。

6.4 开运算与闭运算

学习目标

学习和掌握开运算和闭运算的概念及其能达到的效果。

知识传递

1. 开运算

开运算就是将图像先进行腐蚀操作，再进行膨胀操作。开运算的主要作用如下。

（1）消除图像外部的小型噪声点：开运算能够有效地去除图片主体图像外部的小型噪声点（无论是白色噪声点还是黑色噪声点）。

（2）平滑物体边缘：在保留物体整体结构的同时，开运算可以平滑物体的边缘。

（3）分离细微连接：对于细微连接在一起的物体，开运算能够将其分开。

（4）提取特征：通过选择合适的结构元素大小，开运算可以提取比结构元素更小的物体或特征。

2. 闭运算

与开运算恰恰相反，闭运算是将图像先进行膨胀操作，再进行腐蚀操作。闭运算的主要作用如下。

（1）填平小孔洞：闭运算能够填平图像中的小孔洞，使物体的内部更加完整，也就是可以去掉图片主体图像内部的噪声。

（2）弥合小裂缝：对于图像中的小裂缝或断裂，闭运算可以将其弥合起来。

（3）平滑区域：闭运算在平滑区域方面也有一定的作用，它能够在不明显改变物体面积的情况下，使物体的边界更加平滑。

（4）连接临近物体：当两个物体之间的距离较近时，闭运算可以将它们连接起来。

演示体验

代码 6.3 OpenAndClose.ipynb 由 4 个 Cell 组成。Cell 1 设置了一个 5×5 大小的核，读取代码目录中的 j_opening.png 图片并显示，如图 6.4.1（左）所示。Cell 2 对 j_opening.png 进行开运算并显示，如图 6.4.1（右）所示。

```
代码 6.3 OpenAndClose.ipynb-Cell 1
import cv2 # 导入 OpenCV
```

```
import matplotlib.pyplot as plt # 导入 pyplot
import numpy as np
k = np.ones((5, 5), np.uint8)   # 创建 5×5 的数组作为核

def show_img(bgr):
    # 将 BGR 格式的图像转换为 RGB 格式的图像
    rgb = cv2.cvtColor(bgr, cv2.COLOR_BGR2RGB)
    # 用 Matplotlib 显示图像
    plt.imshow(rgb)
img1 = cv2.imread("j_opening.png")   # 读取图像
show_img(img1)
```

代码 6.3 OpenAndClose.ipynb-Cell 2

```
dst1 = cv2.erode(img1, k)    # 腐蚀操作
dst1 = cv2.dilate(dst1, k)   # 膨胀操作
show_img(dst1)   # 显示开运算结果
```

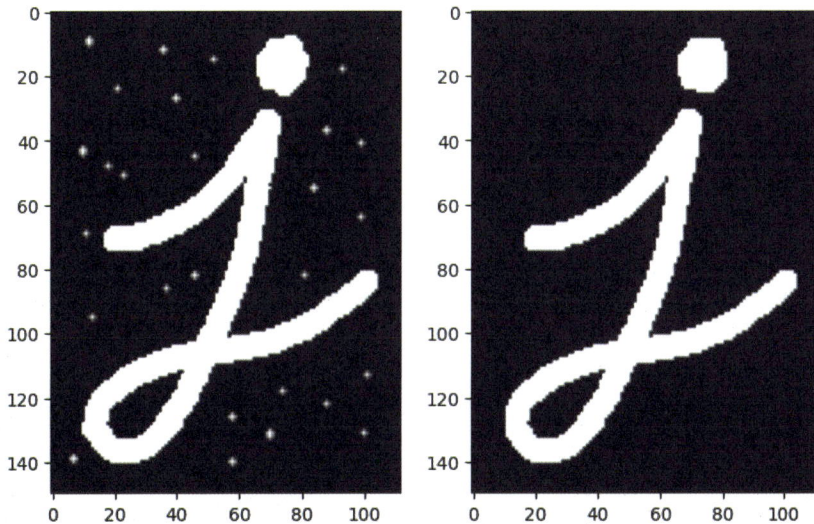

图 6.4.1　原图（左）和开运算后的图（右）

代码 6.3 OpenAndClose.ipynb 的 Cell 3 用于读取代码目录中的 j_closing.png 图片并显示，如图 6.4.2（左）所示，Cell 4 对 j_closing.png 进行了闭运算并显示，如图 6.4.2（右）所示。

代码 6.3 OpenAndClose.ipynb-Cell 3

```
img2 = cv2.imread("j_closing.png")   # 读取图像
show_img(img2)
```

代码 6.3 OpenAndClose.ipynb-Cell 4

```
dst2 = cv2.dilate(img2, k)   # 膨胀操作
dst2 = cv2.erode(dst2, k)    # 腐蚀操作
show_img(dst2)   # 显示闭运算结果
```

127

图 6.4.2　原图（左）和闭运算后的图（右）

课堂练习

◆ 练习 6.4：使用代码 6.3 OpenAndClose.ipynb 对代码目录下的 spider.png 图片进行闭运算，可以发现，原图中小蜘蛛内部的乱纹虽然去掉了，但是小蜘蛛的眼睛也消失了，如图 6.4.3 所示。

尝试利用已学的知识修改代码，看看怎样才能既去除小蜘蛛内部的乱纹，同时还能保留小蜘蛛的眼睛，如图 6.4.4 所示。

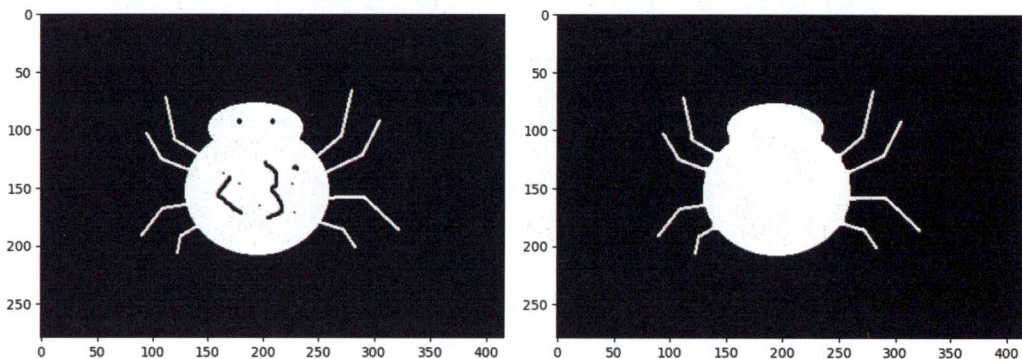

图 6.4.3　原图（左）和闭运算后的图（右）

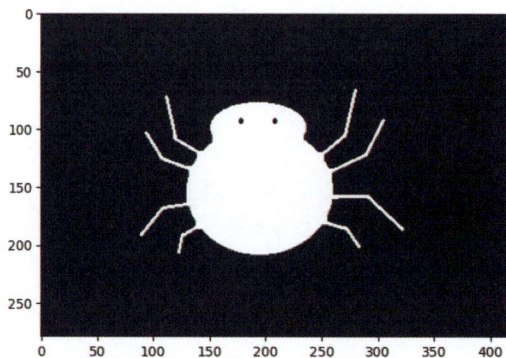

图 6.4.4　保留小蜘蛛的眼睛

6.5 梯度、顶帽和黑帽运算

学习目标

学习和掌握梯度、顶帽和黑帽运算的方法和效果。

知识传递

除了 6.4 节介绍的开运算和闭运算以外，图像形态学中常用的运算还有梯度运算、顶帽运算和黑帽运算，其运算方法和效果如表 6.1 所示。

表 6.1　常用的 3 种图像形态学运算方法

运算种类	op 参数	运算方法和效果
梯度运算	cv2.MORPH_GRADIENT	图像的膨胀图减去腐蚀图，可以得到图像的简易轮廓
顶帽运算	cv2.MORPH_TOPHAT	图像的原始图减去开运算图，可以保留图像的外部细节
黑帽运算	cv2.MORPH_BLACKHAT	图像的闭运算图减去原图，可以保留图像的内部细节

对于梯度运算、顶帽运算和黑帽运算，OpenCV 提供了 morphologyEx() 方法，其包含所有常用的运算，语法格式如下：

```
dst = cv2.morphologyEx(src, op, kernel, anchor, iterations, borderType,
borderValue)
```

参数说明：

◆ src：原始图像。

◆ op：操作类型，具体值详见表 6.1 的"op 参数"列。

◆ kernel：操作过程中所使用的核。

◆ anchor：可选参数，核的锚点位置。

◆ iterations：可选参数，迭代次数，默认值为 1。

◆ borderType：可选参数，边界样式，建议使用默认值。

◆ borderValue：可选参数，边界值，建议使用默认值。

返回值说明：

◆ dst：操作之后得到的图像。

演示体验

代码 6.4 Morpholo.ipynb 由 3 个 Cell 组成。Cell 1 设置了一个 3×3 大小的核，用于读取代码目录中的 j.png 图片，然后对图片进行梯度运算并显示，如图 6.5.1 所示，可以看到，运算后只保留了图像的大体轮廓。

```
                    6.4 Morpholo.ipynb-Cell 1
import cv2 # 导入 OpenCV
import matplotlib.pyplot as plt # 导入 pyplot
import numpy as np
```

```
def show_img(bgr):
    # 将 BGR 格式的图像转换为 RGB 格式的图像
    rgb = cv2.cvtColor(bgr, cv2.COLOR_BGR2RGB)
    # 用 Matplotlib 显示图像
    plt.imshow(rgb)
img = cv2.imread("j.png")  # 读取图像
k = np.ones((3, 3), np.uint8)  # 创建 3×3 的数组作为核
dst = cv2.morphologyEx(img, cv2.MORPH_GRADIENT, k) # 进行梯度运算
show_img(dst)
```

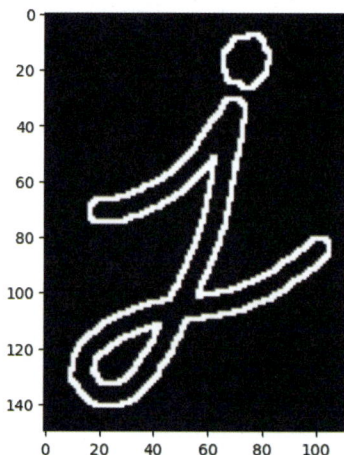

图 6.5.1　对 j.png 图片做梯度运算后的结果

Cell 2 读取代码目录中的 j_opening.png 图片，然后对图片进行顶帽运算并显示，如图 6.5.2 所示，可以看到，字母 j 外边的星星都保留了下来，但是 j 字母却消失了。

```
                    6.4 Morpholo.ipynb-Cell 2
img2 = cv2.imread("j_opening.png")  # 读取图像
dst2 = cv2.morphologyEx(img2, cv2.MORPH_TOPHAT, k)  # 进行顶帽运算
show_img(dst2)
```

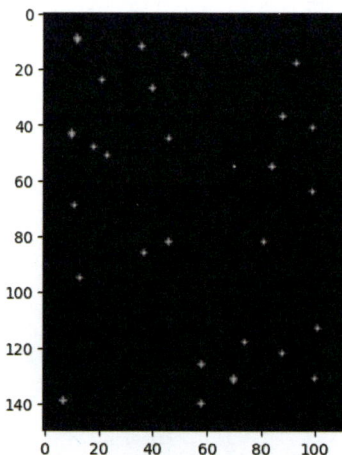

图 6.5.2　对 j_opening.png 做顶帽运算的结果

　　Cell 3 读取代码目录中的 j_closing.png 图片，然后对图片进行黑帽运算并显示，如图 6.5.3 所示，可以看到，字母 j 内部的星星都保留了下来，但是字母 j 却消失了。

```
6.4 Morpholo.ipynb-Cell 3
img3 = cv2.imread("j_closing.png")   # 读取图像
dst3 = cv2.morphologyEx(img3, cv2.MORPH_BLACKHAT, k)   # 进行黑帽运算
show_img(dst3)
```

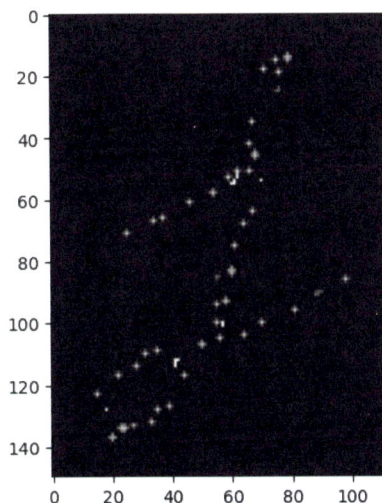

图 6.5.3　对 j_closing.png 做黑帽运算的结果

课堂练习

◆ 练习 6.5：尝试对代码目录下的 cat.jpg 图片或其他图片进行各种图像形态学运算，观察运算效果。

6.6　任务 11：实现马赛克效果

背景导入

　　图片或视频上的马赛克效果我们并不陌生，它可以起到保护隐私、保密信息、避免不当内容传播、遵循法规要求以及美化视觉和艺术效果等多种作用。

　　但是为了画面的整体性，在对图片或视频进行后期处理时，处理人员也并非用随意样式或形态的马赛克，而是会考虑参考马赛克区域周边的画面内容。

　　图 6.6.1 是图片编辑助手的马赛克笔功能界面，笔者使用 "基础马赛克" 功能，在人物球衣的胸前广告位置打上了马赛克，与原始图片相比，我们已经看不清胸前广告的字样了，但是马赛克的主色调还是白色和蓝色，从而不会显得特别突兀。

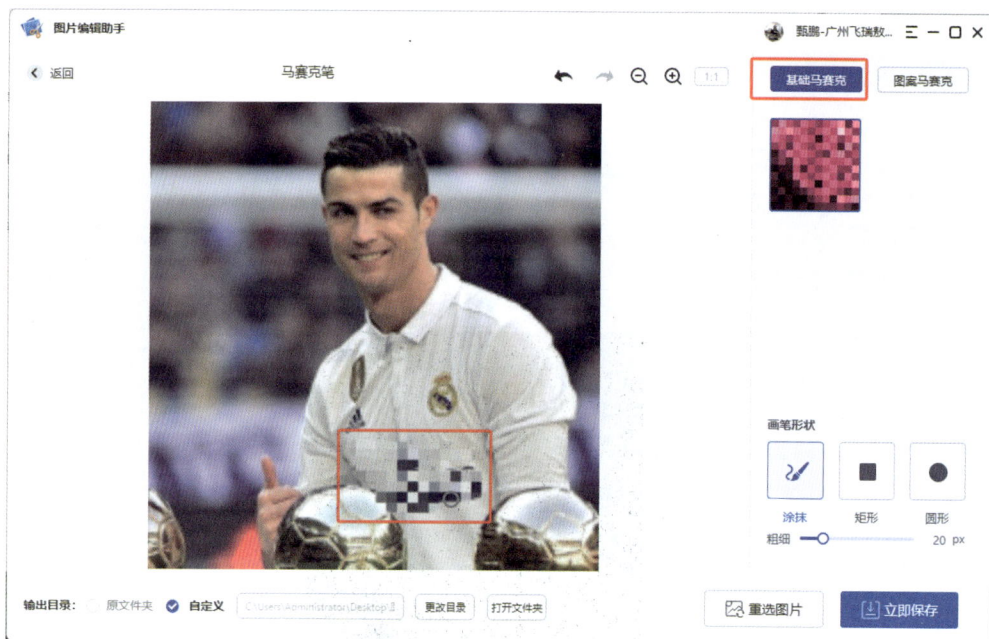

图 6.6.1　图片编辑助手的马赛克笔功能

利用本章所学的滤波器功能就可以实现类似的效果。本节的任务就是实现给图片打上马赛克的功能。

🖥 **任务目标**

基于代码 3.2 CutPicture.ipynb 进行修改，重新定义其中的 on_button_click(b) 方法，首先需要获取要打码区域的左上角坐标和右下角坐标，然后仅对该区域进行滤波操作，即可实现打码的效果。图 6.6.2 所示为作者对原图的左上角坐标（100,150）和右下角坐标（175,200）区间的区域进行了滤波操作后得到的图片。

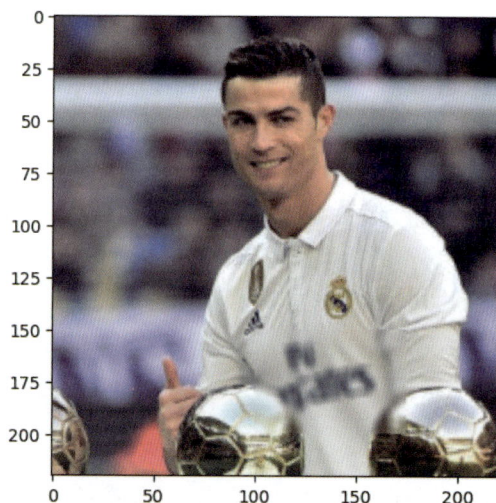

图 6.6.2　使用滤波器进行打码操作

线索提示

（1）在 on_button_click(b) 函数中，先将要打码的区域单独保存在一个变量中，然后对该变量进行滤波操作。

（2）将滤波后的变量"贴回"原图对应的位置。

第7章
图形检测

如果大家觉得前几章介绍的 OpenCV 功能还比较简单，很多功能使用 Windows 系统自带的画图工具就能实现，那么从本章开始，我们就要学习 OpenCV 很多更为强大的功能了。

本章的主题是图形检测，用于检测图片中的圆形、长方形、多边形或物体的外形，这些检测的基础都离不开对图片进行阈值二值化处理，所以本章先介绍阈值的概念，然后将介绍多种不同图形的检测方法。

7.1 阈值

场景导入

我们的一生将要面临很多选择，如果这些选择都只有"好"或"坏"、"正确"或"错误"、"艰难"或"容易"这样的两个选项，那么就很容易做出选择了，也不再会出现"选择困难症"了。但是，事情往往不是这样的，而是在"好"与"坏"、"正确"与"错误"、"艰难"与"容易"之间还夹杂着许许多多的中间选项，让我们产生疑惑和痛苦。

同样，在计算机对图形进行检测时，如果一张图片上只有黑白两色，是很容易进行判断的。但是我们知道，以 BGR 格式的图片为例，它有三原色，每个原色又有 256 个可选数值，从而组成种类繁多的不同颜色，这也加大了计算机理解图形的难度。所以，为了降低图形理解难度，我们可以将图片先由 BGR 三原色转换成灰白色系，如果再进一步将其转换成只有纯黑（像素值为 0）或纯白（像素值为 255），那么将大幅提高计算机理解和检测图片的效率（虽然会失真）。

这种将灰色图片进一步简化的步骤，就需要用到图像阈值处理了。图像阈值处理是图像处理中的一种基本而广泛使用的技术，它的主要作用是对图像进行二值化，即把图像转换为仅包含两种像素值的图像。这种处理可以极大地简化图像数据，使得后续的图像分析、特征提取或图像识别等任务变得更加容易和高效。图像阈值处理的作用如下。

（1）简化图像数据：通过阈值处理，可以将复杂的图像简化为二值图像，降低图像处理的复杂度。

（2）突出图像特征：通过设置合适的阈值，可以将图像中的特定特征（如边缘、角点、纹理等）突出显示，便于后续的图像分析。

（3）图像分割：阈值处理可以将图像分割成不同的区域，这对于图像识别、目标检测等任务非常重要。

（4）去除噪声：通过设置合适的阈值可以去除图像中的噪声，提高图像的质量。

（5）提高处理速度：二值化后的图像数据量大幅减少，可以提高后续图像处理和分析的速度。

（6）便于后续处理：二值化后的图像更便于进行形态学操作（如膨胀、腐蚀、开运算、闭运算等），以及进行图像测量和分析。

📃 学习目标

（1）学习和掌握阈值处理的 threshold() 方法。

（2）了解不同阈值处理类型的区别。

（3）学习阈值处理的流程。

（4）学习和掌握自适应阈值处理的 adaptiveThreshold() 方法。

（5）学习和理解 OTSU 方法在阈值处理中的作用。

☁ 知识传递

1. 阈值处理

OpenCV 提供的 threshold() 方法用于对图像进行阈值处理，threshold() 方法的语法格式如下：

```
retval,dst = cv2.threshold(src, thresh,maxval,type)
```

参数说明：

◆ src：被处理的图像，可以是多通道图像。

◆ thresh：阈值，在 125~150 内取值的效果最好。

◆ maxval：阈值处理采用的最大值。

◆ type：阈值处理类型，常用类型及其含义如表 7.1 所示。

返回值说明：

◆ retval：处理时采用的阈值。

◆ dst：经过阈值处理后的图像。

表 7.1 阈值处理类型

Type 类型	中 文 名	处 理 效 果
cv2.THRESH_BINARY	二值化阈值处理	如果像素值≤阈值，像素值 = 0 如果像素值＞阈值，像素值 = maxval
cv2.THRESH_BINARY_INV	反二极化阈值处理	如果像素值≤阈值，像素值 = maxval 如果像素值＞阈值，像素值 = 0
cv2.THRESH_TOZERO	低于阈值零处理	如果像素值≤阈值，像素值 = 0 如果像素值＞阈值，像素值 = 原值
cv2.THRESH_TOZERO_INV	超出阈值零处理	如果像素值≤阈值，像素值 = 原值 如果像素值＞阈值，像素值 = 0

续表

Type 类型	中 文 名	处 理 效 果
cv2.THRESH_TRUNC	截断阈值处理	如果像素值≤阈值，像素值＝原值 如果像素值＞阈值，像素值＝阈值
cv2.THRESH_OTSU	自动找到合适阈值	该参数无法单独使用，需要与其他 5 种类型配合使用，效果是根据图片信息自动设置最佳阈值，而无须手动查找最佳阈值。使用 cv2.THRESH_OTSU 自动找到的阈值会在 retval 中返回

2. 自适应阈值处理

上文介绍的 5 种阈值处理方法都是单一处理模式，但是在实际应用中，一张图片内的色彩是不均衡的，如果只使用一种阈值处理类型，就无法得到清晰有效的结果。因此，OpenCV 提供了一种改进的阈值处理技术：图像中的不同区域使用不同的阈值。把这种改进的阈值处理技术称为自适应阈值处理，自适应阈值是根据图像中某一正方形区域内的所有像素值按照指定的算法计算得到的。与上文讲解的 5 种阈值处理类型相比，自适应阈值处理能更好地处理明暗分布不均的图像，从而获得更简单的图像效果。

adaptiveThreshold() 方法用于对图像进行自适应阈值处理，其语法格式如下：

```
dst=cv2.adaptiveThreshold(src,maxValue,adaptiveMethod,thresholdType,
blockSize,C)
```

参数说明：

◆ src：被处理的图像。该图像必须是灰度图像。

◆ maxValue：阈值处理采用的最大值。

◆ adaptiveMethod：自适应阈值的计算方法。自适应阈值的计算方法及其含义如表 7.2 所示。

◆ thresholdType：阈值处理类型。需要注意的是，阈值处理类型须是 cv2.THRESH_BINARY 或者 cv2.THRESH_BINARY_INV 中的一个。

◆ blockSize：一个正方形区域的大小。例如，3 指的是 3×3 的区域。

◆ C：常量。阈值等于均值或者加权值减去这个常量。

返回值说明：

◆ dst：经过阈值处理后的图像。

表 7.2　adaptiveMethod 自适应阈值的可选计算方法及其含义

名　　称	含　　义
cv2.ADAPTIVE_THRESH_MEAN_C	对一个正方形区域内的所有像素进行平均加权计算
cv2.ADAPTIVE_THRESH_GAUSSIAN_C	根据高斯函数，按照像素与中心点的距离对一个正方形区域内的所有像素进行加权计算

注意：以上两种计算方法解释起来较为复杂，在此我们不对其进行深究，只观察其结果和效果即可。

代码 7.1 ThresHold.ipynb 由 10 个 Cell 组成，第 1 个 Cell 以灰白方式分别读取了代码目录下的 grey.png 和 messi.jpg 两张图片。

代码 7.1 ThresHold.ipynb-Cell 1

```
import cv2
import Matplotlib.pyplot as plt # 导入 pyplot

def show_img(bgr):
    # 将 BGR 格式的图像转换为 RGB 格式的图像
    rgb = cv2.cvtColor(bgr, cv2.COLOR_BGR2RGB)
    # 用 Matplotlib 显示图像
    plt.imshow(rgb)
img = cv2.imread("grey.png", 0)   # 将图像读成灰度图像
messi = cv2.imread("messi.jpg", 0)   # 将图像读成灰度图像
```

代码 7.1 ThresHold.ipynb 的 第 2 ～ 6 个 Cell 分 别 展 示 了 cv2.THRESH_BINARY、cv2.THRESH_BINARY_INV、cv2.THRESH_TOZERO、cv2.THRESH_TOZERO_INV 和 cv2.THRESH_TRUNC 五种阈值处理方法的显示结果（图 7.1.1 ～图 7.1.5）。

代码 7.1 ThresHold.ipynb-Cell 2

```
# 二值化阈值处理，阈值设置为 127，maxval 设置为 255
t1, img1 = cv2.threshold(img, 127, 255, cv2.THRESH_BINARY)
show_img(img1)
```

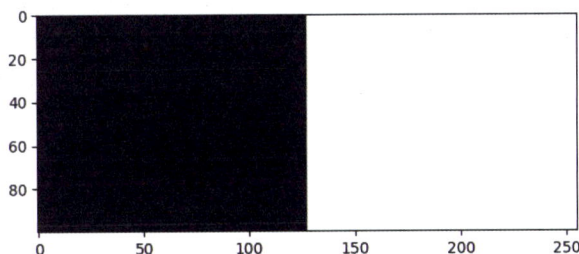

图 7.1.1 二值化处理结果

代码 7.1 ThresHold.ipynb-Cell 3

```
# 反二极化阈值处理
t2, img2 = cv2.threshold(img, 127, 255, cv2.THRESH_BINARY_INV)
show_img(img2)
```

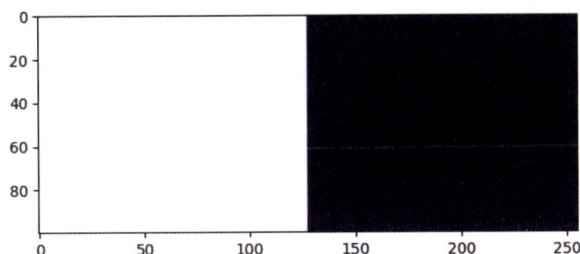

图 7.1.2 反二值化处理结果

代码 7.1 ThresHold.ipynb-Cell 4

```
# 低于阈值零处理
t3, img3 = cv2.threshold(img, 127, 255, cv2.THRESH_TOZERO)
show_img(img3)
```

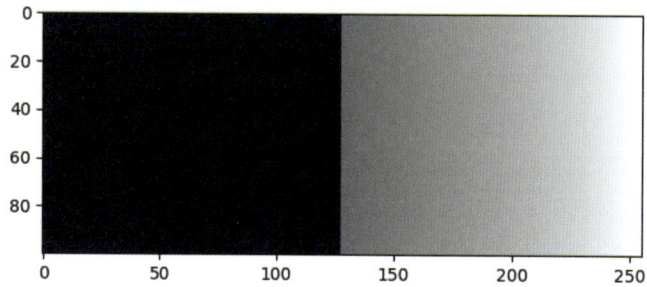

图 7.1.3　低于阈值零处理结果

代码 7.1 ThresHold.ipynb-Cell 5

```
# 超出阈值零处理
t4, img4 = cv2.threshold(img, 127, 255, cv2.THRESH_TOZERO_INV)
show_img(img4)
```

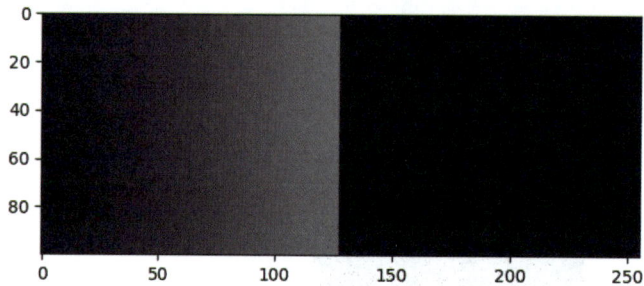

图 7.1.4　超出阈值零处理结果

代码 7.1 ThresHold.ipynb-Cell 6

```
# 截断处理
t5, img5 = cv2.threshold(img, 127, 255, cv2.THRESH_TRUNC)
show_img(img5)
```

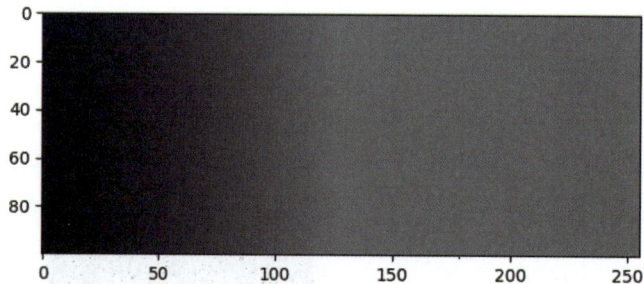

图 7.1.5　截断处理结果

代码 7.1 ThresHold.ipynb 的第 7 ～ 8 个 Cell 分别展示了对 messi.jpg 这张图片进行

cv2.THRESH_BINARY 二值化阈值处理和 cv2.THRESH_BINARY+cv2.THRESH_OTSU 二值化阈值 + 自动选择阈值处理的结果，自动选择的阈值是 86。我们不对图片效果做出评价，学生们只需了解不同效果即可（图 7.1.6 ～图 7.1.9）。

代码 7.1 ThresHold.ipynb-Cell 7

```
# 二值化阈值处理，阈值设置为 127，maxval 设置为 255
td1, messi1 = cv2.threshold(messi, 127, 255, cv2.THRESH_BINARY)
show_img(messi1)
```

图 7.1.6　对 messi.jpg 图片进行二值化阈值处理结果

代码 7.1 ThresHold.ipynb-Cell 8

```
# 二值化阈值处理，但通过 OTSU 方法自动设置阈值
td2, messi2 = cv2.threshold(messi, 127, 255, cv2.THRESH_BINARY+cv2.
THRESH_OTSU)
print(td2)
show_img(messi2)
```

图 7.1.7　对 messi.jpg 图片进行 OTSU 二值化阈值处理结果（阈值为 86）

代码 7.1 ThresHold.ipynb 的第 9 和第 10 个 Cell 分别展示了对 messi.jpg 这张图片

使用自适应处理的 cv2.ADAPTIVE_THRESH_MEAN_C 和 cv2.ADAPTIVE_THRESH_GAUSSIAN_C 计算方法的结果。同样，我们不对图片效果做出评价，读者只需了解不同效果即可。

```
代码 7.1 ThresHold.ipynb-Cell 9
# 自适应阈值的计算方法为 cv2.ADAPTIVE_THRESH_MEAN_C
messi3 = cv2.adaptiveThreshold(messi, 255, cv2.ADAPTIVE_THRESH_MEAN_C,
cv2.THRESH_BINARY, 5, 3)
show_img(messi3)
```

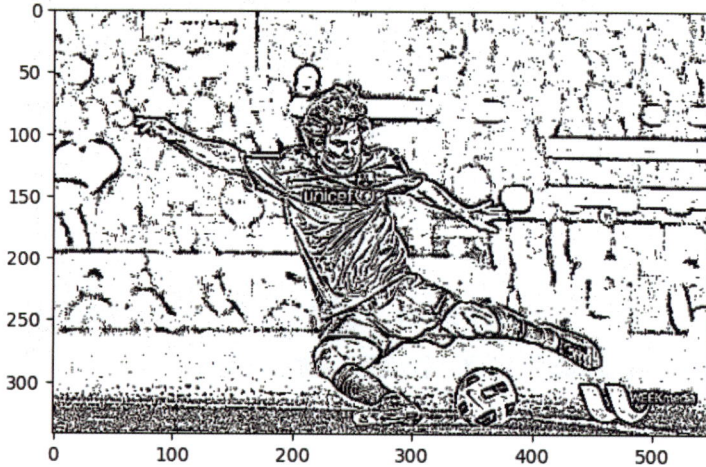

图 7.1.8　对 messi.jpg 图片进行自适应 ADAPTIVE_THRESH_MEAN_C 计算的处理结果

```
代码 7.1 ThresHold.ipynb-Cell 10
# 自适应阈值的计算方法为 cv2.ADAPTIVE_THRESH_GAUSSIAN_C
messi4= cv2.adaptiveThreshold(messi, 255, cv2.ADAPTIVE_THRESH_
GAUSSIAN_C,cv2.THRESH_BINARY, 5, 3)
show_img(messi4)
```

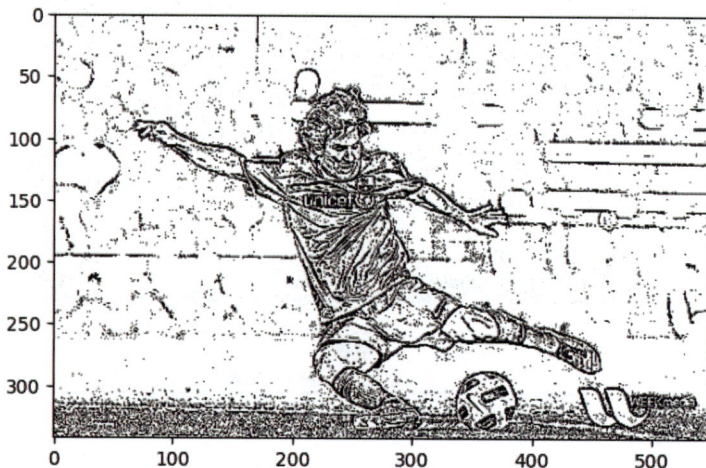

图 7.1.9　对 messi.jpg 图片进行自适应 ADAPTIVE_THRESH_GAUSSIAN_C 计算的处理结果

📖 **课堂练习**

◆ 练习 7.1：尝试将 Cell 9 和 Cell 10 中的 block_size 和常量 C 调整为不同的值，观察图片的变化。

7.2 图像轮廓

💡 **场景导入**

请大家猜一猜图 7.2.1 所示的物体是什么？相信大家一眼就能看出图中分别是一只狗和一只猫。

图 7.2.1　黑白图片

图 7.2.1 是一张黑白图片，没有给出更多的特征信息，我们结合自己的生活经验仅通过轮廓就可以判断出物体是什么。

对于计算机来说，在判断照片上的物体是什么时，第一步同样也是搜索并绘制图像的边缘，定位图像的位置，找出图像的轮廓，之后再根据轮廓内物体的更多特征来判断它是什么。

本节我们就先来学习第一步——如何使用 OpenCV 找到图像中物体的轮廓。

📋 **学习目标**

（1）学习和掌握 OpenCV 中找轮廓的 cv2.findContours() 方法。

（2）学习和掌握 OpenCV 中画轮廓的 image = cv2.drawContours() 方法。

👆 **知识传递**

1. cv2.findContours() 方法

OpenCV 提供的 findContours() 方法可以通过计算图像梯度来判断图像的边缘，然后将边缘的点封装成数组返回。findContours() 方法的语法格式如下：

```
contours, hierarchy =cv2.findContours(image,mode,method)
```

参数说明：

◆ image：被检测的图像，必须是 8 位单通道二值图像。如果原始图像是彩色图像，则必须转换为灰度图像，并经过二值化阈值处理。

◆ mode：轮廓的检索模式，具体值详如表 7.3 所示。

◆ method：检测轮廓时使用的方法，具体值如表 7.4 所示。

返回值说明：

◆ contours：检测出的所有轮廓，list 类型，每个元素都是某个轮廓的像素坐标数组。

◆ hierarchy：轮廓之间的层次关系。

表 7.3　findContours() 的 mode 参数

参 数 值	效　　果
cv2.RETR_EXTERNAL	只检测外轮廓
cv2.RETR_LIST	检测所有轮廓，但不建立层次关系
cv2.RETR_CCOMP	检测所有轮廓，并建立两级层次关系
cv2.RETR_TREE	检测所有轮廓，并建立树状结构的层次关系

表 7.4　findContours() 的 method 参数

参 数 值	效　　果
cv2.CHAIN_APPROX_NONE	存储轮廓上的所有点
cv2.CHAIN_APPROX_SIMPLE	只保存水平、垂直或对角线轮廓的端点
cv2.CHAIN_APPROX_TC89_L1	Ten-Chin1 近似算法中的一种
cv2.CHAIN_APPROX_TC89_KCOS	Ten-Chin1 近似算法中的一种

2. drawContours() 方法

通过 findContours() 方法找到图像轮廓之后，为了方便开发人员观测，最好能把轮廓画出来，于是 OpenCV 提供了 drawContours() 方法来绘制这些轮廓。drawContours() 方法的语法格式如下：

```
image=cv2.drawContours(image,contours,contourIdx,color,thickness,
lineTypee,hierarchy, maxLevel, offset)
```

参数说明：

◆ image：被绘制轮廓的原始图像，可以是多通道图像。

◆ contours：findContours() 方法得出的轮廓列表。

◆ contourIdx：绘制轮廓的索引，如果该值为 –1，则绘制所有轮廓。

◆ color：绘制颜色，使用 BGR 格式。

◆ thickness：可选参数，画笔的粗细程度，如果该值为 –1，则绘制实心轮廓。

◆ lineTypee：可选参数，绘制轮廓的线形。

◆ hierarchy：可选参数，findContours() 方法得出的层次关系。

◆ maxLevel：可选参数，绘制轮廓的层次深度，最深绘制到第 maxLevel 层。

◆ offset：可选参数，偏移量，可以改变绘制结果的位置。

返回值说明：

◆ image：同参数中的 image，方法执行后原始图像中就包含绘制的轮廓了，可以不使用此返回值保存结果。

📖 **演示体验**

代码 7.2 findContours.ipynb 由 7 个 Cell 组成，第 1 个 Cell 读取代码目录中的 triangle.jpg 图片，然后将图片转换为灰度图片，并进行二值化处理。需要注意的是，笔者给读取出来的 triOriginal 变量制作了 4 个副本，请根据代码注释里面的内容，分析笔者为什么这么做。

```
                        代码 7.2 findContours.ipynb-Cell 1
import cv2
import Matplotlib.pyplot as plt  # 导入 pyplot

def show_img(bgr):
    # 将 BGR 格式的图像转换为 RGB 格式的图像
    rgb = cv2.cvtColor(bgr, cv2.COLOR_BGR2RGB)
    # 用 Matplotlib 显示图像
    plt.imshow(rgb)
triOriginal = cv2.imread("triangle.jpg")  # 读取 triangle.jpg
# 复制 4 个 triOriginal 图像的副本，之后会告诉大家为什么要这么做
triOriginal1= triOriginal.copy()
triOriginal2= triOriginal.copy()
triOriginal3= triOriginal.copy()
triOriginal4= triOriginal.copy()
triGray = cv2.cvtColor(triOriginal, cv2.COLOR_BGR2GRAY)   # 把三角形图
# 片彩色图像转换为单通道灰度图像
t, triBinary = cv2.threshold(triGray, 127, 255, cv2.THRESH_BINARY)
# 把三角形图片灰度图像转换为二值图像
```

代码 7.2 findContours.ipynb 的 Cell 2 调用 findContours() 方法找到图片的外围轮廓并显示，如图 7.2.2 所示。

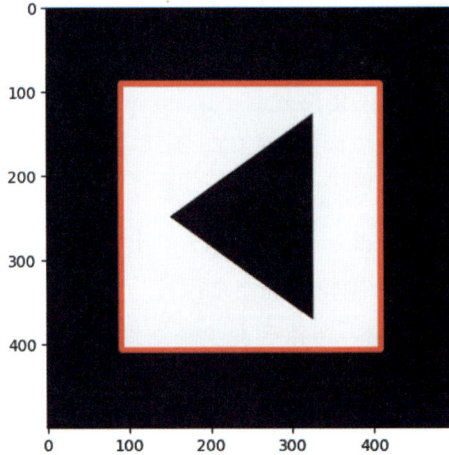

图 7.2.2　查找并显示图像的外围轮廓

代码 7.2 findContours.ipynb-Cell 2

```
# 找到 triBinary 的外围轮廓
contours, hierarchy = cv2.findContours(triBinary, cv2.RETR_EXTERNAL,
cv2.CHAIN_APPROX_NONE)
# 将所有的外围轮廓画在 triOriginal1 这张图上，这里有两个地方需要注意
# 第 一， 使 用 image=cv2.drawContours(triOriginal1,contours -1, (0, 0,
#255), 5) 方法，它会把轮廓直接画在 triOriginal1 上，所以我们
# 显示 triOriginal1 即可，当然，显示 image 也可以
# 第二，为什么之前要建立多个 triOriginal 的副本？因为这个程序之后还会多次调用
#drawContours ( ) 方法在三角形图片上画轮廓
# 如果只使用一个 triOriginal，那么就会一直在同一张图片上画，看不出区别和效果
image=cv2.drawContours(triOriginal1,contours, -1, (0, 0, 255), 5)
show_img(triOriginal1)
```

代码 7.2 findContours.ipynb 的 Cell 3 调用 findContours() 方法找到图片的所有轮廓并显示，如图 7.2.3 所示。

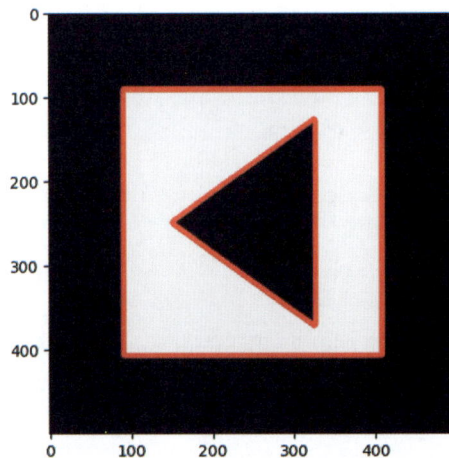

图 7.2.3　找到并显示所有轮廓

代码 7.2 findContours.ipynb-Cell 3

```
# 找出图片的所有轮廓并画出来
contours, hierarchy = cv2.findContours(triBinary, cv2.RETR_LIST, cv2.
CHAIN_APPROX_NONE)
cv2.drawContours(triOriginal2, contours, -1, (0, 0, 255), 5)
show_img(triOriginal2)
```

代码 7.2 findContours.ipynb 的 Cell 4 在上一段代码的基础上只显示编号为 0 的轮廓，如图 7.2.4 所示。

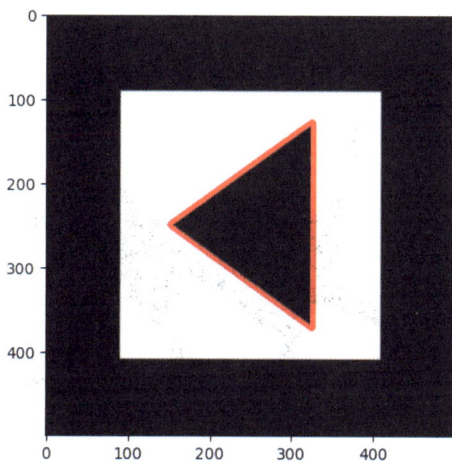

图 7.2.4　编号为 0 的轮廓

代码 7.2 findContours.ipynb-Cell 4

```
# 还是用上一个 Cell 找到所有的轮廓，但是只在 triOriginal3 上显示 0 号轮廓
# 此时可以把 triOriginal3 换成 triOriginal2 试一下
cv2.drawContours(triOriginal3, contours, 0, (0, 0, 255), 5)
show_img(triOriginal3)
```

代码 7.2 findContours.ipynb 的 Cell 5 只显示编号为 1 的轮廓，如图 7.2.5 所示。

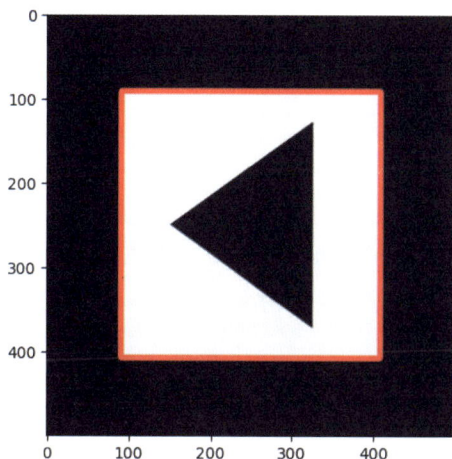

图 7.2.5　编号为 1 的轮廓

```
                    代码 7.2 findContours.ipynb-Cell 5
# 还是用上一个 Cell 找到所有的轮廓，但是只在 triOriginal4 上显示 1 号轮廓
cv2.drawContours(triOriginal4, contours, 1, (0, 0, 255), 5)
show_img(triOriginal4)
```

代码 7.2 findContours.ipynb 的 Cell 6 读取代码目录下的 catContours.jpg 图片，找到所有轮廓并显示，我们主要看看 cv2.findContours() 方法寻找不规则图形轮廓的能力，效果如图 7.2.6 所示，可以看到，轮廓和猫的贴合度很高。

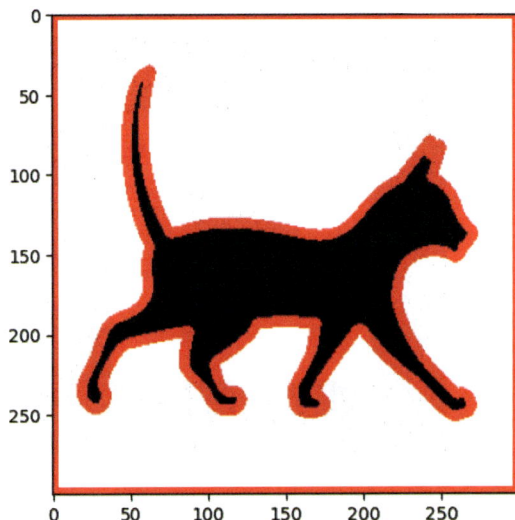

图 7.2.6　catContours.jpg 的轮廓

```
                    代码 7.2 findContours.ipynb-Cell 6
catOriginal = cv2.imread("catContours.jpg")   # 读取 catContours.jpg
catGray = cv2.cvtColor(catOriginal, cv2.COLOR_BGR2GRAY)   # 把猫轮廓彩
# 色图像转换为单通道灰度图像
t, catBinary = cv2.threshold(catGray, 127, 255, cv2.THRESH_BINARY)
# 把猫轮廓灰度图像转换为二值图像
# 找出图片的所有轮廓并画出来
contours, hierarchy = cv2.findContours(catBinary, cv2.RETR_LIST, cv2.
CHAIN_APPROX_NONE)
cv2.drawContours(catOriginal, contours, -1, (0, 0, 255), 5)
show_img(catOriginal)
```

代码 7.2 findContours.ipynb 的 Cell 7 读取代码目录下的 CR7.jpg 图片，找到所有轮廓并显示，我们主要看看 cv2.findContours() 方法寻找彩色复杂图片轮廓的能力，效果如图 7.2.7 所示，可以看到，它找到了很多轮廓。

图 7.2.7　CR7.jpg 的轮廓

代码 7.2 findContours.ipynb-Cell 7

```
# 找一张复杂的彩色图片的轮廓
CR7Original = cv2.imread("CR7.jpg")    # 读取 CR7.jpg
CR7Gray = cv2.cvtColor(CR7Original, cv2.COLOR_BGR2GRAY)    # 把彩色图像
# 转换为单通道灰度图像
t, CR7Binary = cv2.threshold(CR7Gray, 127, 255, cv2.THRESH_BINARY)
# 把灰度图像转换为二值图像
# 找出图片的所有轮廓并画出来
contours, hierarchy = cv2.findContours(CR7Binary, cv2.RETR_LIST, cv2.
CHAIN_APPROX_NONE)
cv2.drawContours(CR7Original, contours, -1, (0, 0, 255), 1)
show_img(CR7Original)
```

📋 **课堂练习**

◆ 练习 7.2：将 Cell 7 的 hierarchy 打印出来，看看程序找到了多少个轮廓。然后修改 Cell 7 中 drawContours() 的 contourIdx 参数，依次打印轮廓，而不是全部打印，看看有什么效果。

7.3 轮廓拟合

💡 **场景导入**

我们回顾一下 7.2 节的图 7.2.6，OpenCV 中 findContours() 方法可以很好地找到猫的轮廓，贴合度很高。

但是在实际生活中，我们做事情不能这样"正正好好"，是要留出一些空间的。好比在乡下建房子，房子本身可能只有 6 米宽、10 米长，但是我们不能只占一个 6 米 ×10 米的土地，往往要在房子外围再圈一块园地，搭围墙将房子和园地围起来。

这一圈围墙，就是本节要讲的轮廓拟合。拟合是指将平面上的一系列点用一条光滑的曲线连接起来。轮廓的拟合就是将凹凸不平的轮廓用平整的几何图形包围起来，这种包围框可分为矩形包围框、圆形包围框和凸形包围框。

学习目标

（1）学习和掌握矩形包围框 cv2.boundingRect() 方法。

（2）学习和掌握圆形包围框 cv2.minEnclosingCircle(points) 方法。

（3）学习和掌握凸形包围框 cv2.convexHull() 方法。

知识传递

1. 矩形包围框 cv2.boundingRect() 方法

矩形包围框是指图像轮廓的最小矩形边界。OpenCV 提供的 boundingRect() 方法可以自动计算轮廓最小矩形边界的坐标、宽与高。boundingRect() 方法的语法格式如下：

```
retval = cv2.boundingRect(array)
```

参数说明：

◆ array：轮廓数组，就是 cv2.findContours() 方法的返回值 contours，需要注意的是，contours 可能会包括多个轮廓数组，此时只能用其中一个轮廓数组作为参数传递给 boundingRect()。

返回值说明：

◆ retval：元组类型，包含 4 个整数值，分别是最小矩形包围框左上角顶点的横坐标、左上角顶点的纵坐标、矩形的宽和矩形的高，所以也可以写成 x,y, w, h = cv2.boundingRect (array) 的形式。

注意：cv2.boundingRect() 方法的返回值 retval 只包含矩形框的左上角坐标以及宽和高，我们还需要调用 cv2.rectangle() 方法将矩形框画出来。

2. 圆形包围框 cv2.minEnclosingCircle(points) 方法

圆形包围框与矩形包围框同理，是图像轮廓的最小圆形边界。

OpenCV 提供的 minEnclosingCircle() 方法可以自动计算轮廓最小圆形边界的圆心和半径。minEnclosingCircle() 方法的语法格式如下：

```
center, radius = cv2.minEnclosingCircle(points)
```

参数说明：

◆ points：轮廓数组，同上。

返回值说明：

◆ center：元组类型，包含两个浮点值，是最小圆形包围框圆心的横坐标和纵坐标。

◆ radius：浮点类型，是最小圆形包围框的半径。

注意：cv2.minEnclosingCircle() 方法返回了圆形包围框的圆心和最小半径，我们还需要调用 cv2.circle() 方法将圆形框画出来。

3. 凸形包围框 cv2.convexHull() 方法

矩形包围框和圆形包围框为了保持包围框的几何形状,与图形的真实轮廓贴合度较差。如果能找出图形最外层的端点,并将这些端点连接起来,就可以围出一个包围图形的最小包围框,这种包围框叫作凸包。凸包是最逼近轮廓的多边形,凸包的每一处都出凸出来的,也就是任意 3 个点所组成的内角均小于 180°。

OpenCV 提供的 convexHull() 方法可以自动找出轮廓的凸包,该方法的语法格式如下:

```
hull = cv2.convexHull(points,clockwise,returnPoints)
```

参数说明:

◆ points:轮廓数组,同上。

◆ clockwise:可选参数,布尔类型。当该值为 True 时,凸包中的点按顺时针排列;为 False 时按逆时针排列。

◆ returnPoints:可选参数,布尔类型。当该值为 True 时返回点坐标,为 False 时返回点索引。默认值为 True。

返回值说明:

◆ hull:凸包的点阵数组。

注意:hull 包括多边形(凸形框)的位置数组,我们还需要使用 cv2.polylines() 方法将多边形画出来。

📖 **演示体验**

代码 7.3 BoundingBox.ipynb 由 4 个 Cell 组成,第 1 个 Cell 读取 catContours.jpg 图片,并将其转换成灰度空间图片并进行二值化处理,然后调用 findContours() 方法找到猫的轮廓。笔者同样做了 3 个原图的副本为接下来的代码所使用。

```
                    代码 7.3 BoundingBox.ipynb-Cell 1
import cv2
import Matplotlib.pyplot as plt # 导入 pyplot

def show_img(bgr):
    # 将 BGR 格式的图像转换为 RGB 格式的图像
    rgb = cv2.cvtColor(bgr, cv2.COLOR_BGR2RGB)
    # 用 Matplotlib 显示图像
    plt.imshow(rgb)
catOriginal = cv2.imread("catContours.jpg")   # 读取 catContours.jpg
catOriginal1=catOriginal.copy()
catOriginal2=catOriginal.copy()
catOriginal3=catOriginal.copy()
catGray = cv2.cvtColor(catOriginal, cv2.COLOR_BGR2GRAY)   # 把猫轮廓彩
# 色图像转换为单通道灰度图像
```

```
t, catBinary = cv2.threshold(catGray, 127, 255, cv2.THRESH_BINARY)
# 把猫轮廓灰度图像转换为二值图像
# 找出图片的所有轮廓并画出来
contours, hierarchy = cv2.findContours(catBinary, cv2.RETR_LIST, cv2.
CHAIN_APPROX_NONE)
```

代码 7.3 BoundingBox.ipynb 的 Cell 2 将 contours[0] 轮廓传递给 boundingRect() 方法，找到猫轮廓的最小矩形包围框并将其画出，如图 7.3.1 所示。

注意：我们再看图 7.2.6，图片上其实有两个轮廓，其中 contours[0] 是猫的轮廓。

```
                   代码 7.3 BoundingBox.ipynb-Cell 2
# 画出猫图像的矩形包围框
x, y, w, h = cv2.boundingRect(contours[0])   # 获取第一个轮廓的最小矩形边
# 框，记录坐标、宽与高
cv2.rectangle(catOriginal1, (x, y), (x + w, y + h), (0, 0, 255), 2)
# 绘制红色矩形
show_img(catOriginal1)
```

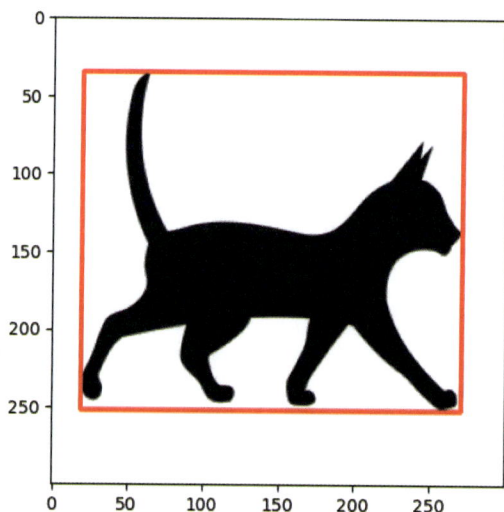

图 7.3.1　猫的矩形包围框

代码 7.3 BoundingBox.ipynb 的 Cell 3 将 contours[0] 轮廓传递给 minEnclosingCircle() 方法，找到猫轮廓的最小圆形包围框并将其画出，如图 7.3.2 所示。

```
                   代码 7.3 BoundingBox.ipynb-Cell 3
# 画出猫图像的圆形包围框
center, radius = cv2.minEnclosingCircle(contours[0])   # 获取最小圆形包
# 围框的圆心和半径
x = int(round(center[0]))   # 圆心横坐标转换为近似整数
y = int(round(center[1]))   # 圆心纵坐标转换为近似整数
cv2.circle(catOriginal2, (x, y), int(radius), (0, 0, 255), 2)   # 绘
# 制圆形
show_img(catOriginal2)
```

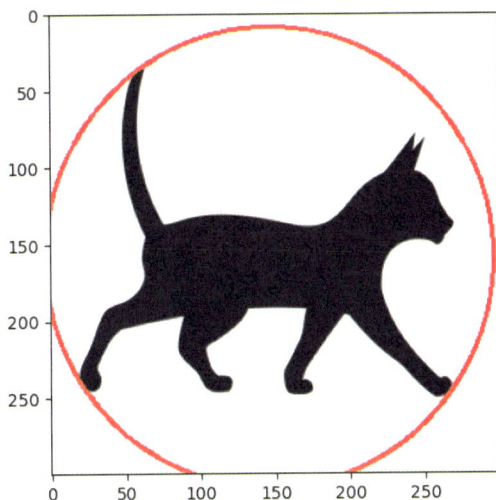

图 7.3.2　猫的圆形包围框

代码 7.3 BoundingBox.ipynb 的 Cell 4 将 contours[0] 轮廓传递给 convexHull() 方法，找到猫轮廓的最小凸形包围框并将其画出，如图 7.3.3 所示。

代码 7.3 BoundingBox.ipynb-Cell 4

```
# 画出猫图像的凸形包围框
hull = cv2.convexHull(contours[0])   # 获取轮廓的凸包
cv2.polylines(catOriginal3, [hull], True, (0, 0, 255), 2)   # 绘制凸包
show_img(catOriginal3)
```

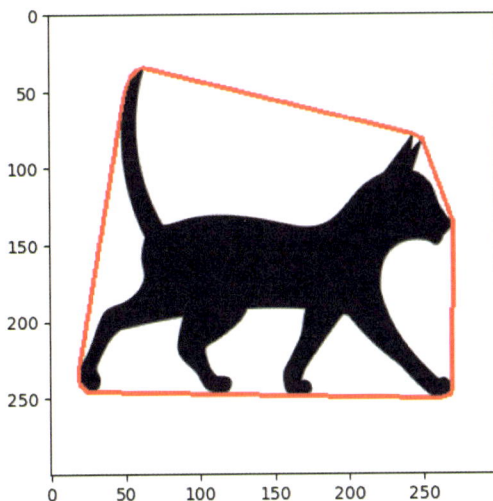

图 7.3.3　猫的凸形包围框

课堂练习

◆ 练习 7.3：请同学们修改代码 7.3，让猫的矩形包围框、圆形包围框和凸形包围框再扩大 20 个像素单位。

7.4 Canny 边缘检测

场景导入

我们回顾一下图 7.2.7，使用 cv2.findContours() 方法寻找 CR7.jpg 图片上的轮廓时，我们会找到很多并不需要关心的轮廓，虽然我们可以通过调整 cv2.threshold() 方法的阈值来提高找到的轮廓的质量，但是这项工作相当烦琐且效果不好。有没有什么方法能自动完成这些工作，并提供更好的边缘检测效果呢？答案当然是有的，Canny 边缘检测算法就是其中一个。

Canny 边缘检测是一种广泛使用的边缘检测算法，由 John Canny 在 1986 年首次提出。该算法通过一系列步骤来准确地检测出图像中的边缘，包括图像平滑、梯度计算、非最大值抑制和双阈值处理等。Canny 边缘检测的目标是以低的错误率检测边缘，将检测到的边缘精确定位在真实边缘的中心，并确保图像中的给定边缘只被标记一次，同时尽可能避免因噪声而产生假边缘。

Canny 边缘检测的优点如下。

（1）高准确性：Canny 算法能够准确地检测出图像中的真实边缘位置，并且能够区分边缘与噪声，确保检测结果的准确性。

（2）低错误率：Canny 算法能够尽量避免将噪声或纹理等非边缘区域误判为边缘，从而保持较低的错误率。

（3）单一响应：对于明显的边缘，Canny 算法能够产生单一像素宽度的边缘响应，使得边缘定位更加精确。

（4）噪声抑制：在边缘检测之前，Canny 算法会对图像进行高斯滤波处理，以平滑图像并减少噪声的影响，从而提高边缘检测的准确性。

（5）边缘连续性：Canny 算法在检测到边缘后会尝试将它们连接成一个完整的边缘线条，使得边缘检测结果更加连续和平滑。

（6）灰度不变性：Canny 算法不受图像灰度值变化的影响，因此能够处理任何灰度图像，无须对图像进行额外的预处理。

（7）参数可调性：Canny 算法的参数（如高斯滤波器的大小、双阈值的设置等）可以根据具体应用需求进行调整，以获得满足需求的边缘检测结果，这种灵活性使得 Canny 算法在不同场景下都能发挥良好的性能。

学习目标

学习和掌握 Canny 边缘检测方法。

知识传递

OpenCV 将 Canny 边缘检测算法封装在了 Canny() 方法中，该方法的语法格式如下：

```
edges =cv2.Canny(image,threshold1,threshold2, apertureSize,
L2gradient)
```

参数说明：

◆ image：检测的原始图像。

◆ threshold1：计算过程中使用的第一个阈值，可以是最小阈值，也可以是最大阈值，通常用来设置最小阈值。

◆ threshold2：计算过程中使用的第二个阈值，通常用来设置最大阈值。

◆ apertureSize：可选参数，Sobel 算子的孔径大小。

◆ L2gradient：可选参数，计算图像梯度的标识，默认值为 False。值为 True 时会采用更精准的算法进行计算。

返回值说明：

◆ edges：计算后得出的边缘图像，是一个二值灰度图像。

在开发过程中，可以通过调整最小阈值和最大阈值来控制边缘检测的精细程度。当两个阈值都较小时，会检测出较多的细节；当两个阈值都较大时，会忽略较多的细节。

📖 演示体验

代码 7.4 Canny.ipynb 利用 Canny() 方法处理图片 CR7.jpg。由于 Canny() 方法内置了对图像进行灰度变化和阈值处理，所以代码非常简洁。代码由 3 个 Cell 组成，分别使用（10,50）、（100,200）和（400,600）作为最小阈值和最大阈值对图像进行处理，效果如图 7.4.1 ～图 7.4.3 所示。

代码 7.4 Canny.ipynb

```
import cv2
import Matplotlib.pyplot as plt # 导入 pyplot

def show_img(bgr):
    # 将 BGR 格式的图像转换为 RGB 格式的图像
    rgb = cv2.cvtColor(bgr, cv2.COLOR_BGR2RGB)
    # 用 Matplotlib 显示图像
    plt.imshow(rgb)
CR7Original = cv2.imread("CR7.jpg")   # 读取 CR7.jpg
cannyCR7 = cv2.Canny(CR7Original,10,50)
show_img(cannyCR7)

cannyCR7 = cv2.Canny(CR7Original,100,200)
show_img(cannyCR7)

cannyCR7 = cv2.Canny(CR7Original,400,600)
show_img(cannyCR7)
```

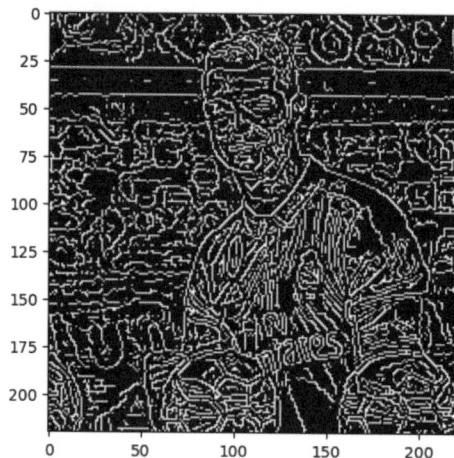

图 7.4.1　Canny 检测使用（10,50）阈值的处理结果

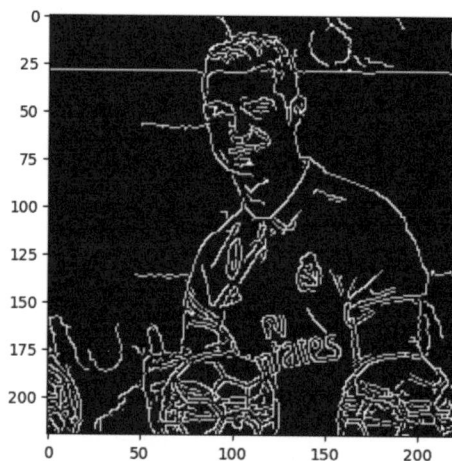

图 7.4.2　Canny 检测使用（100,200）阈值的处理结果

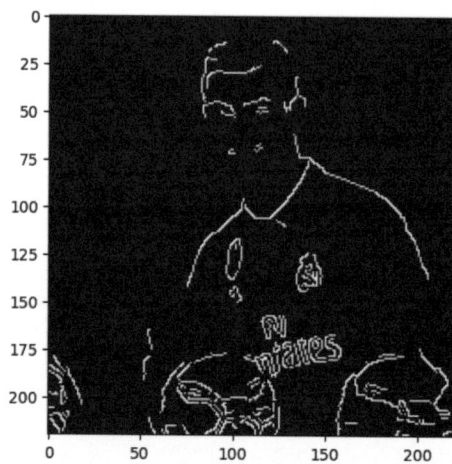

图 7.4.3　Canny 检测使用（400,600）阈值的处理结果

课堂练习

练习 7.4：请编写代码，将代码 7.4 中使用（400,600）作为阈值检测出来的 Canny 检测结果轮廓画到原图上，效果如图 7.4.4 所示，并与图 7.2.7 做对比，看看二者有什么区别。

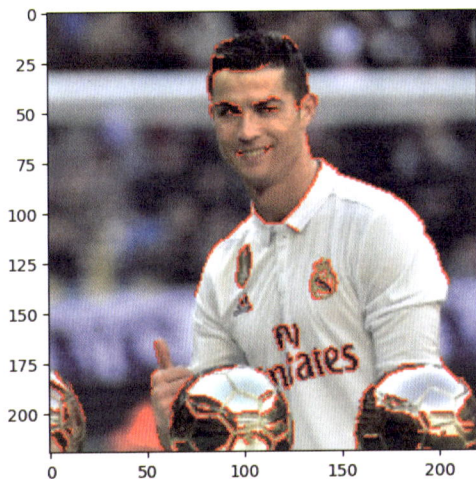

图 7.4.4　将 Canny 检测使用（400,600）阈值的处理结果找到的轮廓画在原图上

7.5 霍夫变换

场景导入

使用 7.4 节介绍的 Canny() 方法找到的轮廓，其效果虽然比直接使用 findContours() 方法的效果要好一些，但依然不尽如人意，主要原因是输入的图片过于复杂。在实际中，我们需要通过计算机视觉判断物体和图片，往往不会这么复杂。

霍夫变换（Hough Transform）是一种在图像处理中广泛应用的特征提取技术，主要用于从图像中识别并提取具有某种特定几何形状的物体，如直线、圆形等。对于这些特定几何形状进行判别已经可以解决实际中的很多问题，主要应用场景如下。

（1）医学影像：在磁共振成像（MRI）和计算机断层扫描（CT）等医学影像技术中，霍夫变换可用于自动检测和分析血管、器官轮廓等结构，提高诊断的准确性和效率。

（2）工业检测：在工业生产线上，霍夫变换可用于检测产品表面的裂纹、划痕等缺陷，确保产品质量。例如，在金属表面缺陷检测中，霍夫变换可以识别出微小的直线性裂纹。在印刷电路板（PCB）检测中，霍夫变换可用于识别电路板上的线路和元件，确保焊接和连接的准确性。

（3）机器人导航与定位：在机器人导航系统中，霍夫变换可用于识别环境中的障碍物和路径，帮助机器人规划移动路线。同时，在无人机、自动驾驶飞机等空中设备的视觉导航系统中，霍夫变换也发挥着重要作用。

（4）三维重建：在计算机辅助设计和制造（CAD/CAM）领域，霍夫变换可用于从二维图像中恢复物体的三维形状和尺寸，以实现精确的三维重建，这对于产品设计、制造和质量控制具有重要意义。

📖 学习目标

（1）学习和掌握线段检测 HoughLinesP() 方法。

（2）学习和掌握圆形检测 HoughCircles() 方法。

📡 知识传递

1. 霍夫变换线段检测方法 HoughLinesP()

该方法只能检测二值灰度图像，也就是如果原始图片是彩色空间照片，则需要首先将其转换成灰白空间照片。该方法最后会把找出的所有线段的两个端点坐标保存成一个数组。HoughLinesP() 方法的语法格式如下：

```
lines = cv2.HoughLinesP(image,rho, theta,threshold,minLineLength,maxLineGap)
```

参数说明：

◆ image：输入图像，必须是单通道的二值图像，通常是由边缘检测算法（如 Canny 边缘检测）处理后的结果。

◆ rho：距离分辨率，以像素为单位。通常设置为 1。

◆ theta：角度分辨率，以弧度为单位。通常设置为 np.pi / 180，表示 1°。

◆ threshold：累加器的阈值参数。该值越小，检测出的直线就越多。

◆ minLineLength：线段的最小长度。小于此长度的线段将被忽略。默认值为 None，表示不进行长度过滤。

◆ maxLineGap：线段上允许的最大间隙。如果两条线段之间的间隔小于此值，则认为它们属于同一条直线，并将其连接起来。默认值为 None 表示不进行间隙处理。

返回值说明：

◆ lines：一个数组，元素为所有检测出的线段，每个线段也是一个数组，内容为线段两个端点的横纵坐标，格式为 [[x1, y1,x2, y2],[x3, y3, x4, y4]]。其中，[x1, y1,x2, y2] 是检测出来的第一条线段的两端坐标，[x3, y3, x4, y4] 是检测出来的第二条线段的两端坐标，以此类推。

2. 霍夫变换圆形检测方法 HoughCircles()

该方法在检测过程中进行两轮筛选：第一轮筛选会找出可能是圆的圆心坐标，第二轮筛选会计算出这些圆心坐标可能对应的半径长度。该方法最后将圆心坐标和半径长度封装成一个浮点型数组。HoughCircles() 方法的语法格式如下：

```
circles=cv2.HoughCircles(image,method,dp,minDist,param1,param2,
minRadius,maxRadius)
```

参数说明：

◆ image：输入图像，必须是 8 位单通道灰度图像。

◆ method：检测方法，OpenCV 提供的检测方法如表 7.5 所示。

◆ dp：累加器图像的分辨率与输入图像分辨率的反比。如果 dp=1，则累加器和输入图像具有相同的分辨率；如果 dp=2，则累加器图像的宽度和高度将是输入图像的一半。通常用 1 作为参数。

◆ minDist：检测到的圆心之间的最小距离。如果设置得太小，则可能会错误地检测到多个相邻的圆；如果设置得太大，则可能会遗漏一些圆。

◆ param1：可选参数，Canny 边缘检测使用的最大阈值。

◆ param2：可选参数，检测圆环结果的投票数。第一轮筛选时，投票数超过该值的圆才会进入第二轮筛选。值越大，检测出的圆越少，但越精准。

◆ minRadius：可选参数，圆的最小半径（以像素为单位）。

◆ maxRadius：可选参数，圆的最大半径（以像素为单位）。如果设置为 0，则表示使用图像的最大尺寸。

返回值说明：

◆ circles：一个数组，元素为所有检测出的圆，每个圆也是一个数组，内容为圆心的横、纵坐标和半径长度，格式为 [[[x1,y1,r1],[x2,y2,r2]]]。[x1,y1,r1] 是检测到的第一个圆的圆心坐标和半径，[x2,y2,r2] 是检测到的第二个圆的圆心坐标和半径，以此类推。

表 7.5　method 检测方法及算法描述

方 法 名 称	算 法 描 述
cv2.HOUGH_GRADIENT	基于梯度的霍夫变换，是 OpenCV 中最常用的圆检测方法
cv2.HOUGH_GRADIENT_ALT	HOUGH_GRADIENT 的另一种实现
cv2.HOUGH_PROBABILISTIC	概率霍夫变换，它可能产生较少的假阳性结果，但可能检测不到某些圆
cv2.HOUGH_MULTI_SCALE	多尺度霍夫变换，对缩放、旋转和倾斜变化具有更好的鲁棒性，但计算资源消耗较大

📖 **演示体验**

代码 7.5 LinesAndCircles.py 读取代码目录里面的 ChopSticksAndBowl.png 图片，然后通过 HoughCircles() 方法找到图片中的碗，通过 HoughLinesP() 找到筷子的位置，并用 circle() 和 line() 方法将其画出来，如图 7.5.1 所示。

```
                    代码 7.5 LinesAndCircles.py
import cv2
import numpy as np
import Matplotlib.pyplot as plt # 导入pyplot
```

```
def show_img(bgr):
    # 将 BGR 格式的图像转换为 RGB 格式的图像
    rgb = cv2.cvtColor(bgr, cv2.COLOR_BGR2RGB)
    # 用 Matplotlib 显示图像
    plt.imshow(rgb)


img = cv2.imread("ChopSticksAndBowl.png")   # 读取原图
o = img.copy()  # 复制原图
o = cv2.medianBlur(o, 5)  # 使用中值滤波进行降噪
gray = cv2.cvtColor(o, cv2.COLOR_BGR2GRAY)   # 从彩色图像变成单通道灰度图像
# 检测圆环，圆心最小间距为 70，Canny 最大阈值为 100，投票数超过 25。最小半径为
#10，最大半径为 50
circles = cv2.HoughCircles(gray, cv2.HOUGH_GRADIENT, 1, 70,
param1=100, param2=25, minRadius=10, maxRadius=200)
print(circles)  # 看一下找到的圆心坐标和半径
circles = np.uint(np.around(circles))   # 因为坐标和半径有小数，故将数组元素
# 四舍五入成整数
for c in circles[0]:  # 遍历圆环结果
    x, y, r = c  # 圆心横坐标、纵坐标和半径
    cv2.circle(img, (x, y), r, (0, 0, 255), 3)  # 绘制圆环
    cv2.circle(img, (x, y), 2, (0, 0, 255), 3)   # 绘制圆心


binary = cv2.Canny(0, 30, 80)   # 绘制边缘图像
lines = cv2.HoughLinesP(binary, 1, np.pi / 180, 15,
minLineLength=100, maxLineGap=18)
for line in lines:  # 遍历所有直线
    x1, y1, x2, y2 = line[0]  # 读取直线两个端点的坐标
    cv2.line(img, (x1, y1), (x2, y2), (0, 0, 255), 2)  # 在原始图像上绘制直线

show_img(img)   # 显示绘制结果
```

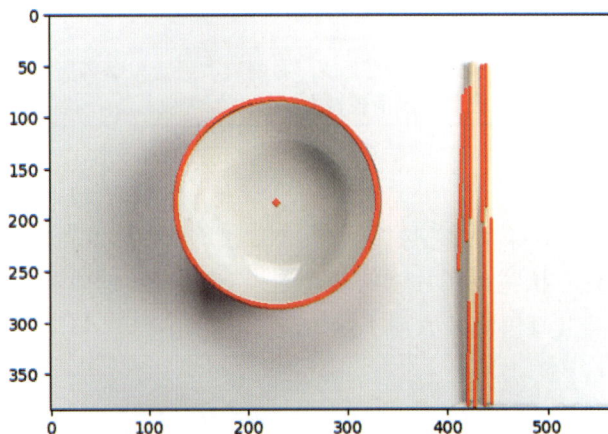

图 7.5.1　标识出图中碗和筷子的位置

课堂练习

练习 7.5：补充 Practice 7.5.ipynb 中 的 关 键 代 码，让 程 序 检 测 所 读 取 的 SnowballFight01.avi 视频中的每一帧是否有圆形出现。如果有，则用红色圆框标示出圆形的位置，如图 7.5.2 所示。

提示 1：使用霍夫变换的原型检测方法就能找到小雪球，参数设置如下：

dp=1,minDist=70,param1=100,param2=25,minRadius=10

提示 2：在读取每一帧后，先给该帧创建一个副本，然后对副本进行滤波，灰度变换后，再进行霍夫圆形检测。

提示 3：找到圆形后，使用 circle() 方法把圆形画出来，但是记得要画在原图上。

```
代码 Practice 7.5.ipynb
import cv2
import numpy as np

video = cv2.VideoCapture("SnowballFight01.avi ") # 打开视频文件
while (video.isOpened()): # 视频文件被打开后
    retval, image = video.read() # 读取视频文件
    # 设置 Video 窗口的宽为 420，高为 300
    cv2.namedWindow("Video", 0)
    cv2.resizeWindow("Video", 420, 300)
    if retval == True: # 读取视频文件后
        ###############################################################
#########
        # 请在此处补充代码实现功能
        # 首先为每帧 image 使用 copy() 方法创建一个副本
        # 然后对该副本进行滤波，灰度变换后，再进行霍夫圆形检测
        # 先判断在该帧上是否找到了圆形
        # 如果找到了圆形，则要记录每个圆形的圆心坐标和半径，记得对找到的圆心和半
# 径作取整处理
        # 使用 circle() 方法将圆心和半径画在 image 上
        ###############################################################
#########

        cv2.imshow("Video", image)# 无须保存每一帧，只需要在窗口中显示每一
# 帧即可
    else: # 没有读取到视频文件
        break
    key = cv2.waitKey(111) # 窗口的图像刷新时间为 1ms
    if key == 27: # 如果按 Esc 键
        break
video.release() # 关闭视频文件
cv2.destroyAllWindows() # 销毁显示视频文件的窗口
```

图 7.5.2　将视频中的雪球标识出来

7.6 任务 12：实现抠图功能

场景导入

　　抠图是一种将目标对象从其背景中提取出来的技术。抠图的主要目的是通过去除背景，使得目标对象能够独立地使用或与其他图像进行组合。第 5 章用到的图片 hat_bgra.png 就是从图片 hat_bgr.png 中"抠"出来的。它的原理是首先将 hat_bgr.png 从 BGR 三通道色彩空间转换成 BGRA 四通道色彩空间，然后将白色背景像素点的 A 通道赋值为 0。很多图像处理软件也提供了抠图功能，图 7.6.1 和图 7.6.2 所示是图片编辑助手的抠图功能区，可以选择人像抠图或者物品抠图，单击"物品抠图"区域添加一张照片，即可将照片中的主要物体"抠"出来，并将背景设置为透明。

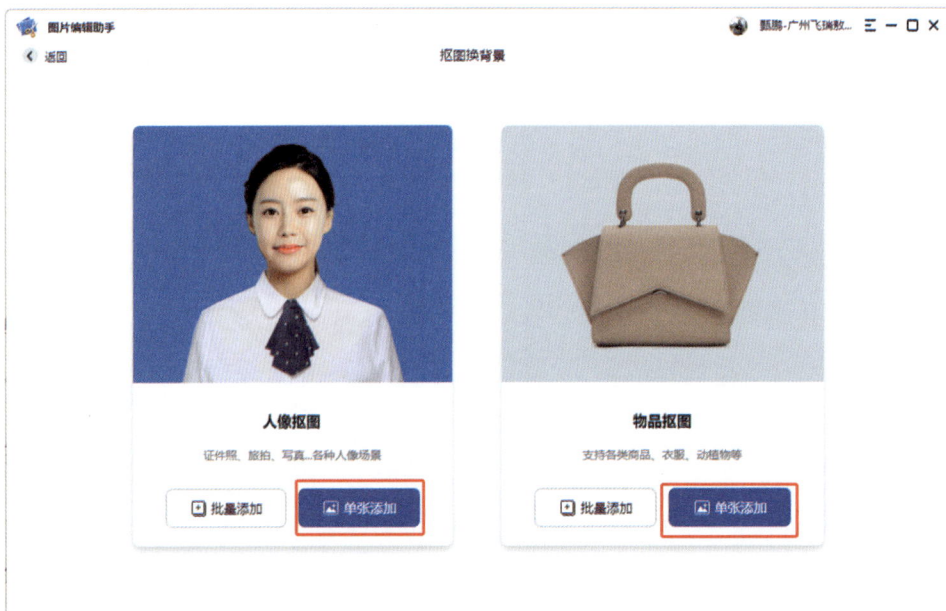

图 7.6.1　图片编辑助手的抠图功能（1）

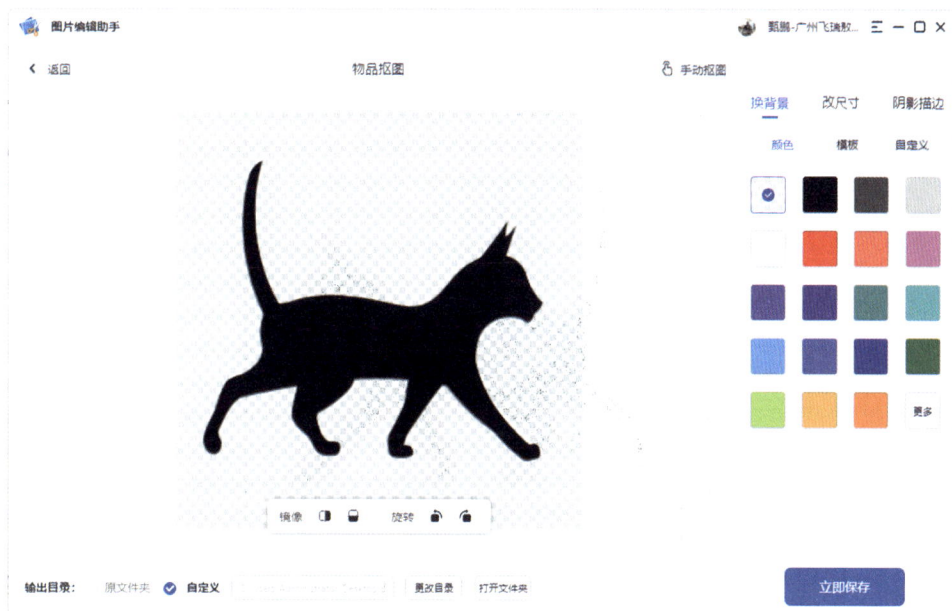

图 7.6.2　图片编辑助手的抠图功能（2）

任务目标

本节的任务是利用已学知识，自己编写程序来实现抠图功能。

代码 7.6 BGRtoBGRA.ipynb 的 Cell 1 部分代码读取代码目录下的 catContours.jpg 图片，将其进行灰度转换和二值化处理，然后找到画面上的所有轮廓，经过测试，contours[0] 轮廓是猫的轮廓，如图 7.6.3 所示。

```
代码 7.6 BGRtoBGRA.ipynb-Cell 1
import cv2
import Matplotlib.pyplot as plt # 导入 pyplot

def show_img(bgr):
    # 将 BGR 格式的图像转换为 RGB 格式的图像
    rgb = cv2.cvtColor(bgr, cv2.COLOR_BGR2RGB)
    # 用 Matplotlib 显示图像
    plt.imshow(rgb)
catOriginal = cv2.imread("catContours.jpg")  # 读取原图
catGray = cv2.cvtColor(catOriginal, cv2.COLOR_BGR2GRAY)  # 把三角形彩
# 色图像转换为单通道灰度图像
t, catBinary = cv2.threshold(catGray, 127, 255, cv2.THRESH_BINARY)
# 把三角形灰度图像转换为二值图像

# 找到图片的所有轮廓
contours, hierarchy = cv2.findContours(catBinary, cv2.RETR_LIST, cv2.
CHAIN_APPROX_NONE)
# 找到图片中能括住猫的最小矩形框的坐标及宽和高
# 画出 contours[0] 轮廓
```

161

```
image=cv2.drawContours(catOriginal,contours,0, (0, 0, 255), 5)
show_img(catOriginal)
```

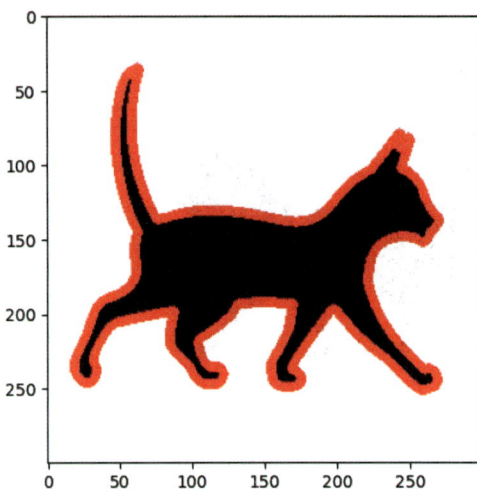

图7.6.3　已经找到了猫的轮廓

请补充 Cell 2 部分的代码，将猫轮廓内的部分"抠"出来，让原本的白色背景变成透明，将新图片命名为 cat_brga.png 并保存在代码所在目录下。

```
                    代码7.6 BGRtoBGRA.ipynb-Cell 2
# 把原图转换成 BGRA 格式，用于存储抠出来的图片
cat_brga=cv2.cvtColor(catOriginal, cv2.COLOR_BGR2BGRA)
########################################
# 请在此处补充代码，完成任务，思路如下
#1.遍历图片上的每个像素点，判断这个像素点是否在已经找到的 contours[0] 轮廓里面
#2.如果不在轮廓里，则将 cat_brga 上对应像素点的 A 通道（第 4 个通道）赋值为 0
########################################
# 保存 cat_brga.png 图片到代码所在目录
cv2.imwrite("cat_brga.png",cat_brga)
```

🤖 线索提示

（1）搜索 OpenCV 中判断一个像素点是否在轮廓内的现成方法，并自行学习和使用。

（2）遍历每个像素点需要两个 while 循环。

本章的内容非常有趣和实用。

模板匹配是一种最基本的识别方法，它是指在图像中寻找与给定模板最相似的区域。

物体识别是计算机视觉中的一个重要任务，旨在识别图像或视频中的物体，并将其分类为预定义的类别。

这两项技术在目标检测、物体跟踪、自动化控制领域都有非常广泛的应用。接下来就让我们学习一下 OpenCV 是如何帮助我们进行模板匹配和物体识别的吧。

8.1 模板匹配

情景导入

笔者看过一个印象非常深刻的动画片，叫《聪明的沃里》，主人公如图 8.1.1 所示，动画片每集结束的时候都会出一道"眼力大比拼"的题目。在图 8.1.2 所示的图中，给你一分钟的时间找出主人公沃里在哪里。

要找的沃里在这里

图 8.1.1　沃里　　　　　　　　图 8.1.2　从类似这样的图片中找出沃里

我们将图 8.1.1 叫作模板图，将图 8.1.2 叫作背景图，寻找沃里的过程就是一个模板匹配的过程。我们用肉眼去匹配，确实很考验眼神，但是如果使用 OpenCV 提供的方法，将大幅提高匹配效率。

（1）了解 OpenCV 实现模板匹配的工作原理。

（2）学习和掌握 OpenCV 中的 matchTemplate() 模板匹配方法。

（3）学习和掌握 cv2.minMaxLoc(src,mask)。

（4）学习和掌握单模板单目标匹配、单模板多目标匹配和多模板多目标匹配。

1. 模板匹配的工作原理

如图 8.1.3 所示，图片中的褐色部分是要匹配的模板区域（宽为 w，高为 h），绿色部分是背景区域（宽为 W，高为 H）。在匹配过程中，模板会从背景的左上角开始，从左至右、从上至下一点点地移动（每次移动一个像素单位），总共会划过的区域是一个宽为 W−w+1、高为 H−h+1 的区域，也就是会划过一个宽为 W−w+1、高为 H−h+1 的矩阵 M。

当模板每覆盖背景上的一个区域时，计算机会通过某一种算法（如表 8.1 所示）来计算两张图片（模板和它所覆盖的区域）的匹配程度，得到一个值 result，并将这个值保存在矩阵 M 所覆盖区域左上角坐标的矩阵点上，如图 8.1.3 所示，中间区域的褐色模板的左上角坐标是（x,y），计算出来的 result 会保存在矩阵 M 的（x,y）位置。

当模板划过整个背景后，再从矩阵 M 中找到极值（可能是最大值，也可能是最小值），这个极值的坐标点就是背景中最匹配模板的区域的左上角坐标。

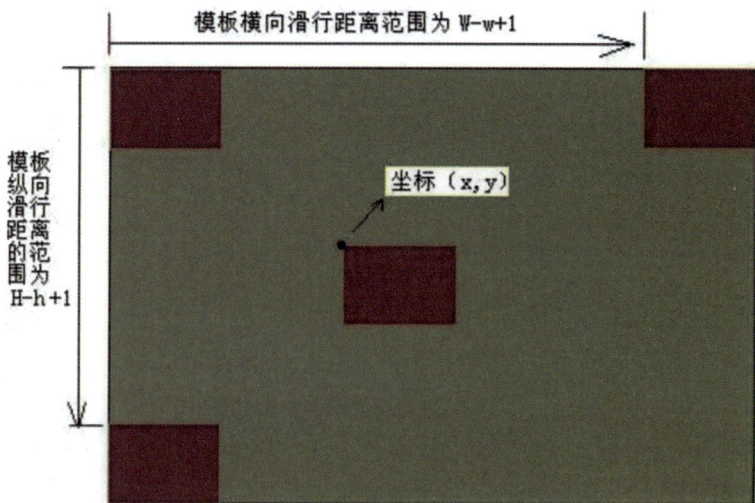

图 8.1.3　模板匹配的工作原理

2. 模板匹配 matchTemplate() 方法

OpenCV 提供的 matchTemplate() 方法就是模板匹配方法，其语法格式如下：

```
result = cv2.matchTemplate(image,templ,method,mask)
```

参数说明:

◆ image:原始图像。

◆ templ:模板图像,尺寸必须小于或等于原始图像。

◆ method:匹配的方法,可用参数值如表 8.1 所示。

◆ mask:可选参数。掩模,只有 cv2.TM_SQDIFF 和 cv2.TM_CCORR_NORMED 支持此参数,建议使用默认值。

返回值说明:

◆ result:计算得出的匹配结果。如果原始图像的宽、高分别为 W、H,模板图像的宽、高分别为 w、h,result 就是一个 W−w+1 列、H−h+1 行的 32 位浮点型数组。数组中每个浮点数都是原始图像中对应像素位置的匹配结果,其含义需要根据 method 参数来解读。

表 8.1　模板匹配方法可选参数及其作用

参 数 名	参数值	作　　用
cv2.TM_SQDIFF	0	差值平方和匹配,也叫作平方差匹配。可以理解为差异程度。匹配程度越高,计算结果越小。完全匹配的结果为 0
cv2.TM_SQDIFF_NORMED	1	标准差值平方和匹配,也叫作标准平方差匹配。匹配程度越高,计算结果越小。完全匹配的结果为 0
cv2.TM_CCORR	2	相关匹配,可以理解为相似程度。匹配程度越高,计算结果越大
cv2.TM_CCORR_NORMED	3	标准相关匹配。匹配程度越高,计算结果越大
cv2.TM_CCOEFF	4	相关系数匹配,也属于相似程度。计算结果为 −1~1 的浮点数,1 表示完全匹配,0 表示毫无关系,−1 表示两张图片的亮度刚好相反
cv2.TM_CCOEFF_NORMED	5	标准相关系数匹配,也属于相似程度。计算结果为 1~1 的浮点数,1 表示完全匹配,0 表示毫无关系,−1 表示两张图片的亮度刚好相反

3. cv2.minMaxLoc(src,mask) 方法

在上文匹配原理中介绍过,当模板划过整个背景后,还有一个从矩阵 M 中找到极值的步骤,OpenCV 提供了一个 minMaxLoc() 方法,专门用来解析这个二维数组中的最大值、最小值以及这两个值对应的坐标,minMaxLoc() 方法的语法格式如下:

```
minValue, maxValue, minLoc,maxLoc =cv2.minMaxLoc(src,mask)
```

参数说明:

◆ src:matchTemplate() 方法计算得出的数组。

◆ mask:可选参数,掩模,建议使用默认值。

返回值说明:

◆ minValue:数组中的最小值。

◆ maxValue：数组中的最大值。

◆ minLoc：最小值的坐标，格式为 (x,y)。

◆ maxLoc：最大值的坐标，格式为 (x,y)。

📖 演示体验

代码 8.1 matchTemplate.ipynb 由 4 个 Cell 组成。Cell 1 读取代码目录下的 zimu.png 图片并显示，如图 8.1.4 所示。需要注意的是，这里制作了背景图片 img 的 3 个副本 img1、img2 和 img3，分别用来显示 Cell 2 ～ Cell 4 的结果。如果不制作副本，则所有的矩形框都会画在一张图片上。

```
                代码8.1 matchTemplate.ipynb-Cell 1
import cv2
import Matplotlib.pyplot as plt # 导入 pyplot

def show_img(bgr):
    # 将 BGR 格式的图像转换为 RGB 格式的图像
    rgb = cv2.cvtColor(bgr, cv2.COLOR_BGR2RGB)
    # 用 Matplotlib 显示图像
    plt.imshow(rgb)
img = cv2.imread("zimu.png", 1)
# 制作 img 的 3 个副本，分别用来展示 Cell 2 ～ Cell 4 的 3 张图片
img1 = img.copy()
img2 = img.copy()
img3 = img.copy()
show_img(img)
```

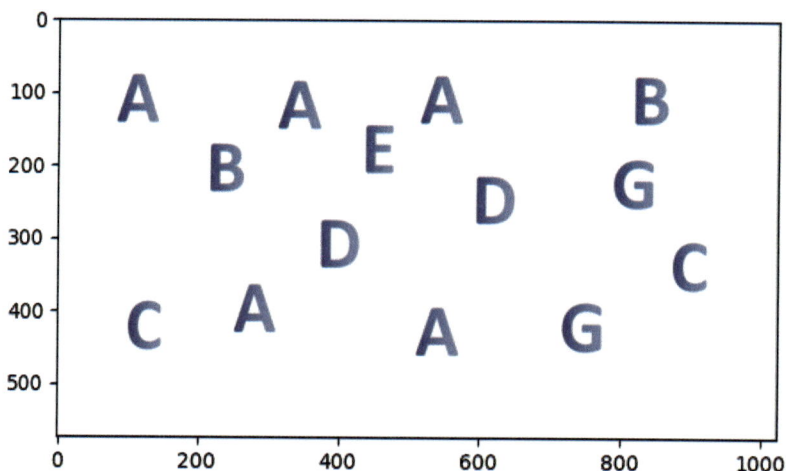

图 8.1.4　zimu.png 背景图

代码 8.1 matchTemplate.ipynb 的 Cell 2 演示了单模板（只用一个模板）单目标（只找匹配度最高的区域）的匹配方法。此时需要借助 cv2.minMaxLoc() 来找到这个极值，效果如图 8.1.5 所示。

代码 8.1 matchTemplate.ipynb-Cell 2

```
templE = cv2.imread("E.png")  # 读取模板图像
height, width, c = templE.shape  # 获取模板图像的宽度、高度和通道数
results = cv2.matchTemplate(img, templE, cv2.TM_SQDIFF_NORMED)  # 按
# 照标准平方差方式匹配
# 获取匹配结果中的最小值、最大值、最小值坐标和最大值坐标
minValue, maxValue, minLoc, maxLoc = cv2.minMaxLoc(results)
resultPoint1 = minLoc  # 将最小值坐标当作最佳匹配区域的左上角点坐标
# 计算最佳匹配区域的右下角点坐标
resultPoint2 = (resultPoint1[0] + width, resultPoint1[1] + height)
# 在最佳匹配区域位置绘制红色方框, 线宽为 2 个像素
cv2.rectangle(img1, resultPoint1, resultPoint2, (0, 0, 255), 2)
show_img(img1)
```

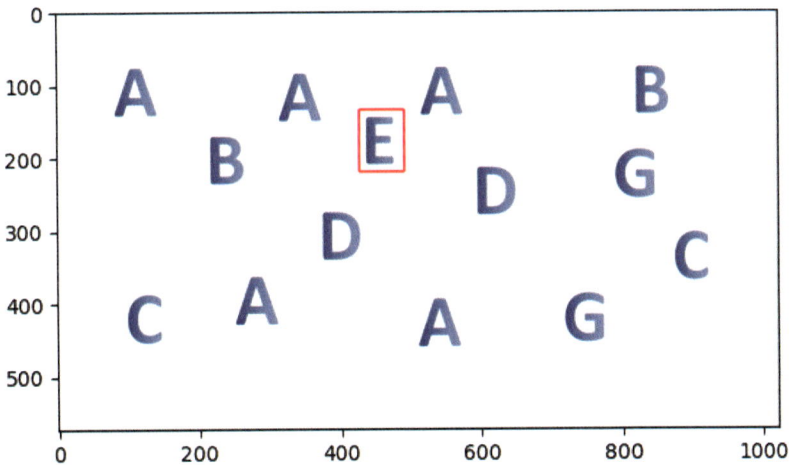

图 8.1.5　单模板单目标匹配

代码 8.1 matchTemplate.ipynb 的 Cell 3 演示了单模板多目标的匹配方法。此时只要匹配度达到一定阈值（本例中使用 cv2.TM_CCOEFF_NORMED 方法，匹配值 >0.99），就都会显示出来，效果如图 8.1.6 所示。

代码 8.1 matchTemplate.ipynb-Cell 3

```
templA = cv2.imread("A.png")  # 读取模板图像
width, height, c = templA.shape  # 获取模板图像的宽度、高度和通道数
results = cv2.matchTemplate(img, templA, cv2.TM_CCOEFF_NORMED)  # 按
# 照标准相关系数匹配
for y in range(len(results)):  # 遍历结果数组的行
    for x in range(len(results[y])):  # 遍历结果数组的列
        if results[y][x] > 0.99:  # 如果相关系数大于 0.99，则认为匹配成功
            # 在最佳匹配结果位置绘制红色方框
            cv2.rectangle(img2, (x, y), (x + width, y + height), (0,
0, 255), 2)
show_img(img2)
```

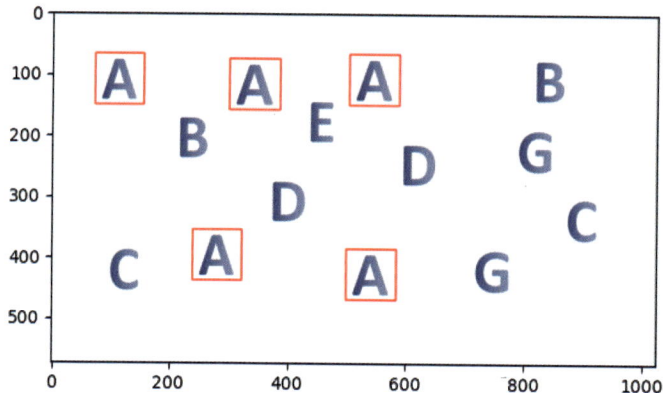

图 8.1.6　单模板多目标匹配

代码 8.1 matchTemplate.ipynb 的 Cell 4 演示了多模板多目标的匹配方法。此时需要创建一个模板列表，然后就像单模板匹配一样，对每个模板都在背景图上匹配一次，然后将所有匹配结果一起显示出来，效果如图 8.1.7 所示。

```
                    代码 8.1 matchTemplate.ipynb-Cell 4
def myMatchTemplate(img, templ):  # 自定义方法：获取模板匹配成功后所有红框
# 位置的坐标
    width, height, c = templ.shape  # 获取模板图像的宽度、高度和通道数
     results = cv2.matchTemplate(img, templ, cv2.TM_CCOEFF_NORMED)
# 按照标准相关系数匹配
    loc = list()  # 红框的坐标列表
    for i in range(len(results)):  # 遍历结果数组的行
        for j in range(len(results[i])):  # 遍历结果数组的列
            if results[i][j] > 0.98:  # 如果相关系数大于 0.99，则认为匹配
# 成功
                # 在列表中添加匹配成功的红框对角线的两点坐标
                loc.append((j, i, j + width, i + height))
    return loc

templs = list()  # 模板列表
templs.append(cv2.imread("B.png"))  # 添加模板 1
templs.append(cv2.imread("C.png"))  # 添加模板 2
templs.append(cv2.imread("D.png"))  # 添加模板 3

loc = list()  # 所有模板匹配成功位置的红框坐标列表
for t in templs:  # 遍历所有模板
    loc += myMatchTemplate(img, t)  # 记录该模板匹配得出的坐标

for i in loc:  # 遍历所有红框的坐标
    cv2.rectangle(img3, (i[0], i[1]), (i[2], i[3]), (0, 0, 255), 2)
# 在图片中绘制红框
show_img(img3)
```

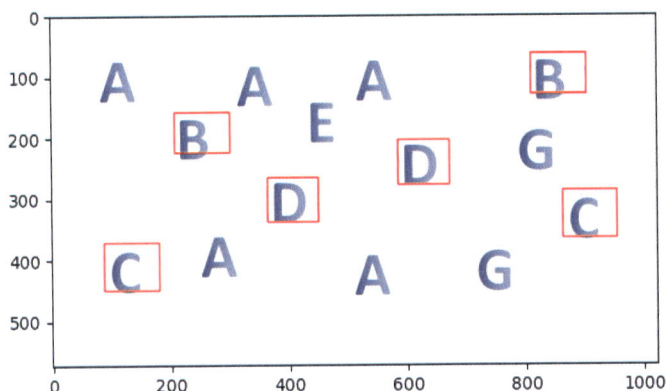

图 8.1.7　多模板多目标匹配

📖 **课堂练习**

练习 8.1：请将 zimu.png 图片上的字母 G 剪出来，然后尝试修改代码，制作字母 G 在背景图上的匹配。

8.2 **任务 13：找碴小游戏**

💡 **场景导入**

相信大家都玩过找碴小游戏吧，我们现在就来看看下面两张图（图 8.2.1 和图 8.2.2）有几处不同。

图 8.2.1　Bear1

图 8.2.2　Bear2

🎯 **任务目标**

本节的任务是利用已学的知识，编写程序来找到两张图片（代码目录下的 bear1.png 和 bear2.png）上的不同点。实现此效果的方法有很多种。

笔者的思路如下。

第 1 步：使用 imread() 方法读取 bear1.png 和 bear2.png 两张图片，分别命名为 img1 和 img2。

第 2 步：将 img2 图片平均分成若干张小图，因为两张图片的大小都是 780（宽）×52（高），所以考虑将其分成 100 张 78（高）×52（宽）的小图。

第 3 步：让 img2 分成的 100 张小图片依次与 img1 做匹配（使用标准方差 cv2.TM_SQDIFF_NORMED 方法），然后使用 minMaxLoc() 方法找到每张小图片的匹配结果里面的极值（minValue），如果某张小图片的 minValue > 0.1，就说明这张小图片在 img1 中没有找到非常匹配的位置，那么这张小图片里面的图像就是我们要找的不同点。

第 4 步：将这个有不同点的小图片再和 img2 做一次匹配（继续使用标准方差 cv2.TM_SQDIFF_NORMED 方法即可），找到小图片在 img2 中的位置，并使用 rectangle() 方法将这个位置在 img2 上画出来。

按照以上 4 步，可以达到的效果如图 8.2.3 所示，可以看到，小熊的帽子、小熊篮子里装的东西以及小狗附近的不同点都成功地标识了出来。

图 8.2.3　把找到的不同点用红色矩形框标识出来

请在代码 8.2 FindDifference.ipynb 的指定位置补充代码，实现上述功能。

```
代码 8.2 FindDifference.ipynb
import cv2
import time

import cv2
import Matplotlib.pyplot as plt # 导入 pyplot

def show_img(bgr):
    # 将 BGR 格式的图像转换为 RGB 格式的图像
    rgb = cv2.cvtColor(bgr, cv2.COLOR_BGR2RGB)
    # 用 Matplotlib 显示图像
    plt.imshow(rgb)

img1 = cv2.imread("bear1.png")  #
img2 = cv2.imread("bear2.png")  #
```

```
# 因为两张图片的尺寸都是高 520、宽 780
# 将其分成 100 张小图片，小图片的尺寸是高 52、宽 78
height = 52
width = 78


# 分割图片的函数
def cutImage(img,smallHeight,smallWidth):
    imgs = []# 创建一个空列表，用于存储分割后的图片
    ###############################################
    # 请在此处补充代码，将 img2 分割成宽 78、高 52 的 100 张小图片
    # 并将小图片保存在 imgs 列表中返回
    ###############################################
    return imgs


# 将 img2 分割为 100 份
imgs = cutImage(img2,height,width)


# 将 img2 的 100 张小图片分别和 img1 做匹配
for item in imgs:
    ##################################
    # 请在此处补充代码
    # 让 imgs 中存储的 100 张 img2 的小图片依次和 img1 进行匹配（使用标准方差 cv2.
#TM_SQDIFF_NORMED 方法）
    # 然后使用 minMaxLoc() 方法找到每张小图片的匹配结果里面的极值（minValue）
     # 如果某张小图片的 minValue > 0.1，就说明这张小图片在 img1 中没有找到非常匹
#配的位置
    # 那么这张小图片里面的图像就是我们要找的不同点
     # 将这个有不同点的小图片再和 img2 做一次匹配（继续使用标准方差 cv2.TM_
SQDIFF_NORMED 方法即可）
    # 找到小图片在 img2 中的位置，并使用 rectangle() 方法将这个位置在 img2 上画出来
    ###############################################
show_img(img2)
```

🔧 **线索提示**

　　这个任务的难点是如何将一张完整的图切割成若干张小图片，我们可以尝试问一下大模型，看看能不能得到提示。

8.3　人脸检测

💡 **场景导入**

　　我们思考一个既简单又深奥的问题：图 8.3.1 里面的 3 张图片我们应该都是第一次看到，但是我们为什么可以一眼就分辨出哪张是人的面孔，哪张是猴子的面孔，哪张是小猫的面孔？

图 8.3.1　3 张图片

　　这是因为人脸、猴子脸和小猫脸的"特征"已经深深地刻入了我们的脑海。那么人脸都有哪些特征呢？例如人脸有毛发，头顶的毛发会稠密，而脸上大多只有稀疏的汗毛，眼睛在整个脸庞的上五分之二处，鼻子在两旁的中间位置，耳朵在脑袋的两侧中间处，嘴巴在鼻子的正下方、脸庞的五分之一处等，这些都是人类区别于其他生物的脸部特征。每种生物的脸部也都有各自的特征，我们就是通过这些来判断不同生物的脸部的。

　　计算机在进行生物脸部判断时也是依靠这些特征的。人脸检测是让计算机在一幅画面中找出人脸的位置。计算机在检测人脸的过程中实际上是在做"分类"操作。例如，计算机发现图像中有一些像素组成了眼睛的特征，那么这些像素就有可能是"眼睛"；如果"眼睛"旁边还有"鼻子"和"另一只眼睛"的特征，那么这三个元素所在的区域就很有可能是人脸区域；但如果"眼睛"旁边缺少必要的"鼻子"和"另一只眼睛"，那么就认为这些像素并没有组成人脸，它们不是人脸图像的一部分。

　　本节将学习 OpenCV 提供的实现人脸检测的方法。

学习目标

（1）了解级联分类器的概念。

（2）学习和掌握加载级联分类器的 cv2.CascadeClassifier() 方法。

（3）学习 haarcascade_frontalface_default.xml 人脸检测级联器。

（4）学习和掌握对图像进行识别的 cascade.detectMultiScale() 方法。

知识传递

1. 级联分类器

　　OpenCV 中的级联分类器是一种基于 AdaBoost 算法的多级分类器，主要用于在图像中检测目标对象。一个完整的级联分类器由多个简单的分类器（通常是决策树）组成，每个分类器都会对图像进行评估，只有当图像通过当前分类器的测试时，才会继续进行下一个分类器的测试。这种机制能够逐步排除非目标区域。就像上文所说的，先发现眼睛的像素特征，然后判断这只眼睛旁有没有鼻子和另一只眼睛，如果有，再判断鼻子下面有没有嘴巴。

级联分类器的原理和实现比较复杂，但是使用起来并不复杂，OpenCV 提供了很多已经训练好的级联器，并以 XML 格式文件随 OpenCV 库一起安装在 \Python\Lib\site-packages\cv2\data\ 目录下，如图 8.3.2 所示。

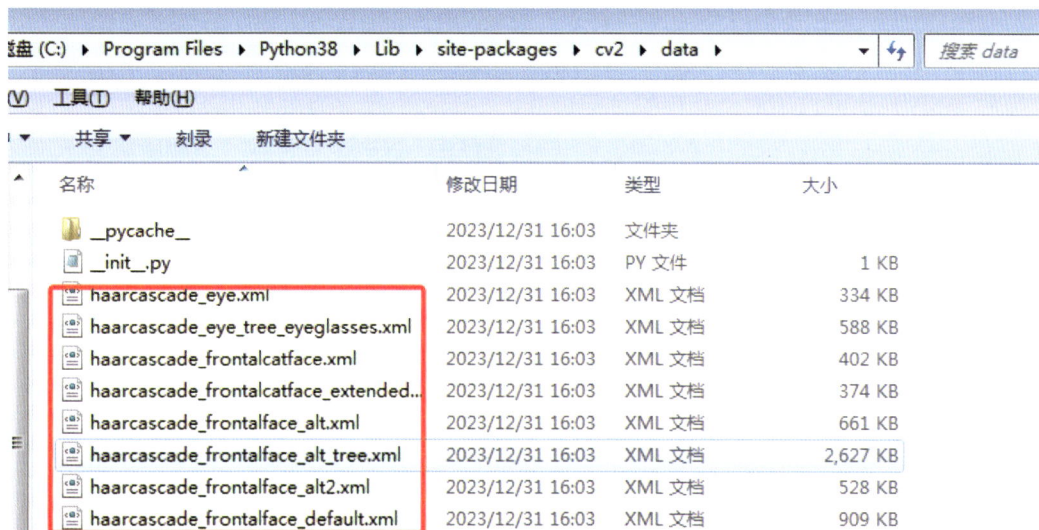

图 8.3.2　OpenCV 提供的训练好的级联分类器

2. 加载级联分类器

图 8.3.2 中，每个 XML 文档就是一种级联分类器，当我们需要使用其中一个时，首先需要加载该分类器。

OpenCV 通过 CascadeClassifier() 方法加载分类器，并创建分类器对象，其语法格式如下：

```
<CascadeClassifier object> = cv2.CascadeClassifier(filename)
```

参数说明：

◆ filename：级联分类器的 XML 文件名。

返回值说明：

◆ object：分类器对象。

3. 使用级联分类器

用已经创建好的分类器对象对图像进行识别，这个过程需要调用分类器对象的 detectMulti-Scale() 方法，其语法格式如下：

```
objects = cascade.detectMultiScale(image,scaleFactor,minNeighbors,
flags, minSize,maxSize)
```

参数说明：

◆ cascade：已有的分类器对象。

参数说明：

◆ image：要检测的图像。

◆ scaleFactor：可选参数。这个参数指定了在图像尺度上图像尺寸每次减小的比例。例如，scaleFactor 为 1.05 表示每次搜索窗口的尺寸减小 5%。

◆ minNeighbors：可选参数，每个候选区域至少保留多少个检测结果才可以判定为人脸。该值越大，分析的误差越小。

◆ flags：可选参数，建议使用默认值。

◆ minSize：可选参数。最小的目标尺寸，小于这个尺寸的对象不会被检测。

◆ maxSize：可选参数。最大的目标尺寸，大于这个尺寸的对象不会被检测。

返回值说明：

◆ objects：捕捉到的目标区域数组，数组中的每个元素都是一个目标区域，每个目标区域都包含 4 个值，分别是左上角点横坐标、左上角点纵坐标、区域宽、区域高。objects 的格式为 [[244,203,111,111] [432,81,133,1331]]。

📖 **演示体验**

代码 8.3 FaceDetect.ipynb 由两个 Cell 组成，Cell 1 读取代码目录中的 CR7.jpg 图片，检测并框出人脸的位置，如图 8.3.3 所示。

```
                  代码 8.3 FaceDetect.ipynb-Cell 1
import cv2
import time

import cv2
import matplotlib.pyplot as plt # 导入 pyplot

def show_img(bgr):
    # 将 BGR 格式的图像转换为 RGB 格式的图像
    rgb = cv2.cvtColor(bgr, cv2.COLOR_BGR2RGB)
    # 用 Matplotlib 显示图像
    plt.imshow(rgb)

img1 = cv2.imread("CR7.jpg")  # 读取 CR7.jpg 图像
# 加载预训练的人脸检测模型,cv2.data.haarcascades 的值是 cv2\data\ 的安装
# 目录
face_cascade = cv2.CascadeClassifier(cv2.data.haarcascades +
'haarcascade_frontalface_default.xml')
print(cv2.data.haarcascades)
faces = face_cascade.detectMultiScale(img1, 1.3)  # 识别出所有人脸
for (x, y, w, h) in faces:  # 遍历所有人脸的区域
    cv2.rectangle(img1, (x, y), (x + w, y + h), (0, 0, 255), 2)
# 在图像中人脸的位置绘制方框
show_img(img1)
```

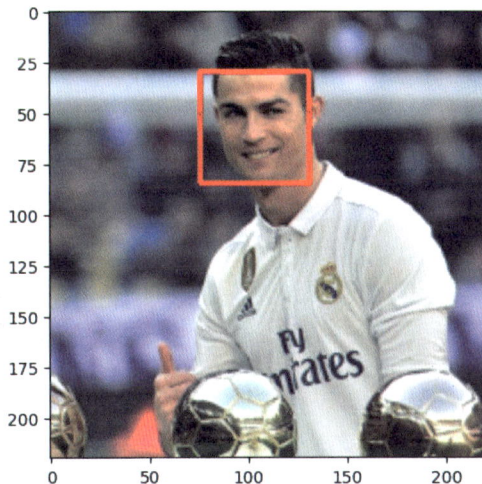

图 8.3.3　检测出了人物的面部

代码 8.3 FaceDetect.ipynb 中的 Cell 2 读取代码目录中的 AllStar.jpg 图片，检测并框出所有人脸的位置，如图 8.3.4 所示。

```
代码 8.3 FaceDetect.ipynb-Cell 2
img2 = cv2.imread("AllStar.jpg")   # 读取 AllStar.jpg 图像
faces = face_cascade.detectMultiScale(img2, 1.3)   # 识别出所有人脸
for (x, y, w, h) in faces:   # 遍历所有人脸的区域
    cv2.rectangle(img2, (x, y), (x + w, y + h), (0, 0, 255), 5)
# 在图像中人脸的位置绘制方框
show_img(img2)
```

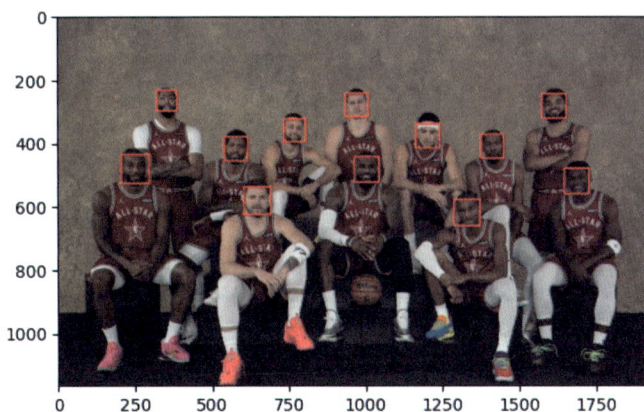

图 8.3.4　框出所有人脸的位置

课堂练习

练习 8.2：在下一节，我们可以看到 OpenCV 提供的已经训练好的级联器具有专门检测人眼的功能，但是我们知道，人眼位于面部大概上五分之二的位置，我们现在已经可以检测到人脸了，请修改代码 8.3 FaceDetect.ipynb-Cell 1，尝试框出人物的眼睛，效果

如图 8.3.5 所示。

提示：仅需要调整 rectangle() 方法中左上角和右下角坐标的纵坐标大小即可。

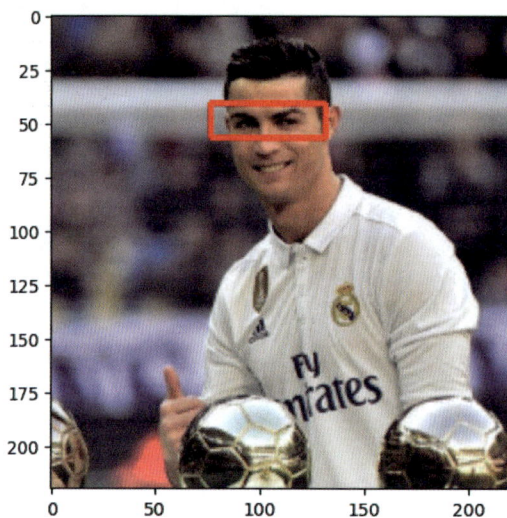

图 8.3.5　检测人物眼睛的位置

8.4　更多物体检测

场景导入

除了人脸检测级联器以外，OpenCV 还附带了很多其他已经训练好的级联器，如表 8.2 所示。

表 8.2　OpenCV 自带的级联器

级联器 XML 文件名称	检测内容
haarcascade_eye.xml	眼镜检测
haarcascade_eye_tree_eyeglasses.xml	眼镜检测
haarcascade_frontalcatface.xml	猫正面脸检测
haarcascade_frontalcatface_extended.xml	
haarcascade_frontalface_alt.xml	人正面脸检测
haarcascade_frontalface_alt_tree.xml	
haarcascade_frontalface_alt2.xml	
haarcascade_frontalface_default.xml	
haarcascade_fullbody.xml	人全身检测
haarcascade_lefteye_2splits.xml	左眼检测
haarcascade_license_plate_rus_16stages.xml	车牌检测

级联器 XML 文件名称	检 测 内 容
haarcascade_lowerbody.xml	下半身检测
haarcascade_profileface.xml	侧面人脸检测
haarcascade_righteye_2splits.xml	右眼检测
haarcascade_russian_plate_number.xml	车牌检测
haarcascade_smile.xml	笑容检测
haarcascade_upperbody.xml	上半身检测

📋 学习目标

尝试体验不同级联器的应用效果。

📖 演示体验

代码 8.4 ObjectDetect.ipynb 的 3 个 Cell 分别用于眼睛检测、猫脸检测和车牌检测，代码和效果如下（图 8.4.1 ～图 8.4.3）。

代码 8.4 ObjectDetect.ipynb-Cell 1 眼睛检测

```python
import cv2
import time

import cv2
import matplotlib.pyplot as plt # 导入 pyplot

def show_img(bgr):
    # 将 BGR 格式的图像转换为 RGB 格式的图像
    rgb = cv2.cvtColor(bgr, cv2.COLOR_BGR2RGB)
    # 用 Matplotlib 显示图像
    plt.imshow(rgb)

img1 = cv2.imread("smile.png")  # 读取 smile.png 图像

# 加载预训练的眼睛检测模型,cv2.data.haarcascades 的值是 cv2\data\ 的安装
# 目录
eye_cascade = cv2.CascadeClassifier(cv2.data.haarcascades +
'haarcascade_eye.xml')
print(cv2.data.haarcascades)
eyes = eye_cascade.detectMultiScale(img1, 1.3)  # 识别出所有眼睛
for (x, y, w, h) in eyes:  # 遍历所有眼睛的区域
    cv2.rectangle(img1, (x, y), (x + w, y + h), (0, 0, 255), 2)
# 在图像中眼睛的位置绘制方框
show_img(img1)
```

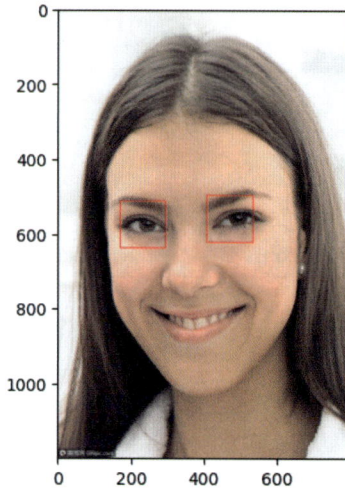

图 8.4.1　眼睛检测结果

代码 8.4 ObjectDetect.ipynb-Cell 2 猫脸检测

```
img2 = cv2.imread("cat.jpg")  # 读取 cat.jpg 图像

# 加载预训练的猫脸检测模型,cv2.data.haarcascades 的值是 cv2\data\ 的安装目录
catface_cascade=cv2.CascadeClassifier(cv2.data.haarcascades +
'haarcascade_frontalcatface.xml')
print(cv2.data.haarcascades)
catfaces = catface_cascade.detectMultiScale(img2, 1.3)  # 识别出所有猫脸
for (x, y, w, h) in catfaces:  # 遍历所有猫脸的区域
    cv2.rectangle(img2, (x, y), (x + w, y + h), (0, 0, 255), 5)
# 在图像中猫脸的位置绘制方框
show_img(img2)
```

图 8.4.2　猫脸检测结果

代码 8.4 ObjectDetect.ipynb-Cell 3 车牌检测

```
img3 = cv2.imread("car.jpg")  # 读取 car.jpg 图像

# 加载预训练的车牌检测模型,cv2.data.haarcascades 的值是 cv2\data\ 的安装目录
car_cascade=cv2.CascadeClassifier(cv2.data.haarcascades +
'haarcascade_russian_plate_number.xml')
print(cv2.data.haarcascades)
cars = car_cascade.detectMultiScale(img3, 1.3)   # 识别出所有车牌
for (x, y, w, h) in cars:  # 遍历所有车牌的区域
    cv2.rectangle(img3, (x, y), (x + w, y + h), (0, 0, 255), 5)
# 在图像中车牌的位置绘制方框
show_img(img3)
```

图 8.4.3 车牌检测结果

📖 课堂练习

练习 8.3:请自行寻找合适的图片,测试表 8.2 中的其他物体检测级联器的使用效果,如果遇到检测效果不太好的情况,则尝试调整 detectMultiScale() 方法中的参数,使其达到想要的效果。

8.5 人脸识别

💡 场景导入

相信绝大部分球迷都认识我们使用的 CR7.jpg 图片上的主人公是足球巨星克里斯蒂亚诺·罗纳尔多(图 8.5.1),但是 smile.png 这张图片上的女人(图 8.5.2),估计读者应该都不认识,包括作者本人也不认识,因为我们从来没有见过她。

同样,在 8.3 节介绍的人脸检测中,对于计算机来说,它只能根据人脸的特征找到图

片上人脸的位置，但是它并不"认识"图片上的主人公。

本节要学习的知识就是如何让计算机"认识"图片上的人。

图 8.5.1　CR7.jpg

图 8.5.2　smile.png

学习目标

（1）学习和掌握计算机实现人脸识别的步骤。

（2）学习和掌握 OpenCV 提供的 Eigenfaces、Fisherfaces 和 LBPH 这三种人脸识别方法。

知识传递

1. 计算机实现人脸识别的过程

我们可以把计算机实现人脸识别的过程类比为我们认识一个新朋友的过程。

首先，需要有人给我们介绍这位新朋友的名字、年龄等信息。在计算机里，这一过程称为标注。

然后，如果只是一面之缘，很多记性不好的人很容易忘记新认识的朋友，所以如果我们要想记住新朋友，就要在脑海里面不断地回忆新朋友的面容特征、身材特征、见面时的场景等，从而加深对新朋友的印象。在计算机里，这一过程称为训练。

最后，再一次见到这位新朋友的时候，我们需要从记忆里迅速找到他的姓名或其他信息，然后热情交谈。在计算机里，这一过程称为识别。

2. 计算机实现人脸识别工具

OpenCV 提供了 Eigenfaces、Fisherfaces 和 LBPH 三种人脸识别工具。这三种工具都是通过对比样本的特征实现人脸识别的。虽然这三种工具提取特征的算法方式不一样，侧重点也不同，但三者并没有好坏上的差异，只能说每种工具都有各自的识别风格。

Eigenfaces、Fisherfaces 和 LBPH 三种人脸识别工具的使用过程也非常相似，都分为创建识别器、训练识别器和识别 3 个步骤，分别由 3 个函数完成。接下来以 Eigenfaces 为例进行介绍。

（1）创建识别器。通过 cv2.face.EigenFaceRecognizer_create() 方法创建 Eigenfaces 人脸识别器，其语法格式如下：

```
recognizer = cv2.face.EigenFaceRecognizer_create(num_components,
thresh)
```

参数说明：

◆ num_components：可选参数，PCA 方法中保留的分量个数，建议使用默认值。

◆ thresh：可选参数，人脸识别时使用的阈值，建议使用默认值。

返回值说明：

◆ recognizer：创建完成的 Eigenfaces 人脸识别器对象。

（2）训练识别器。创建识别器对象之后，需要通过对象的 train() 方法来训练识别器。建议每个人都给出 2 张以上的照片作为训练样本。train() 方法的语法格式如下：

```
recognizer.train(src, labels)
```

对象说明：

◆ recognizer：已有的 Eigenfaces 人脸识别器对象。

参数说明：

◆ src：用来训练的人脸图像样本列表，格式为 list。样本图像必须宽高一致。

◆ labels：样本对应的标签，格式为数组，元素类型为整数。数组长度必须与栏本列表长度相同。样本与标签按照插入顺序一一对应。

（3）识别。训练识别器之后，就可以通过识别器的 predict() 方法来识别人脸了，该方法会对比样本的特征，给出最相近的结果和评分，其语法格式如下：

```
label,confidence = recognizer.predict(src)
```

对象说明：

◆ recognizer：已有的 Eigenfaces 人脸识别器对象。

参数说明：

◆ src：需要识别的人脸图像，该图像的宽和高必须与样本一致。

返回值说明：

◆ label：与样本匹配程度最高的标签值。

◆ confidence：匹配程度最高的信用度评分。评分小于 5000 就可以认为匹配程度较高，0 分表示两幅图像完全一样。

📄 **演示体验**

代码 8.5 FaceRecognition.ipynb 用于识别代码目录中的 C 罗和梅西的图片。代码首选读取了 CR1.png ～ CR3.png，以及 messi1.png ～ messi3.png 六张图片，分别对其进行标注工作，然后创建一个 EigenFaceRecognizer 人脸识别器，对打标的图像进行训练。然后程序分别读取 CR4.png 和 messi4.png 让识别器进行识别，识别器可以正确地识别出 CR4.png

和 messi4.png，结果如图 8.5.3 和图 8.5.4 所示。

代码 8.5 FaceRecognition.ipynb-Cell 1

```python
import cv2
import numpy as np
import matplotlib.pyplot as plt  # 导入 pyplot


def show_img(bgr):
    # 将 BGR 格式的图像转换为 RGB 格式的图像
    rgb = cv2.cvtColor(bgr, cv2.COLOR_BGR2RGB)
    # 用 Matplotlib 显示图像
    plt.imshow(rgb)
##################################################
# 以下过程就是给图片标注的过程
# 将 C 罗的图片标注为 0，梅西的图片标注为 1
photos = list()  # 样本图像列表
lables = list()  # 标签列表
photos.append(cv2.imread("CR1.png", 0))  # 记录第 1 张人脸图像
lables.append(0)  # 第 1 张图像对应的标签
photos.append(cv2.imread("CR2.png", 0))  # 记录第 2 张人脸图像
lables.append(0)  # 第 2 张图像对应的标签
photos.append(cv2.imread("CR3.png", 0))  # 记录第 3 张人脸图像
lables.append(0)  # 第 3 张图像对应的标签

photos.append(cv2.imread("messi1.png", 0))  # 记录第 4 张人脸图像
lables.append(1)  # 第 4 张图像对应的标签
photos.append(cv2.imread("messi2.png", 0))  # 记录第 5 张人脸图像
lables.append(1)  # 第 5 张图像对应的标签
photos.append(cv2.imread("messi3.png", 0))  # 记录第 6 张人脸图像
lables.append(1)  # 第 6 张图像对应的标签

names = {"0": "CRonaldo", "1": "Messi"}  # 标签对应的名称字典
##################################################
recognizer = cv2.face.EigenFaceRecognizer_create()  # 创建特征脸识别器
recognizer.train(photos, np.array(lables))  # 识别器开始训练

i = cv2.imread("CR4.png", 0)  # 待识别的人脸图像
label, confidence = recognizer.predict(i)  # 识别器开始分析人脸图像
print("confidence = " + str(confidence))  # 打印评分
print(names[str(label)])  # 数组字典里标签对应的名字
```

```
confidence = 17080.476265887526
CRonaldo
```

图 8.5.3　判断出 CR4.png 是 C 罗，信息值为 17080

代码 8.5 FaceRecognition.ipynb-Cell 2

```python
i = cv2.imread("messi4.png", 0)  # 待识别的人脸图像
```

```
label, confidence = recognizer.predict(i)   # 识别器开始分析人脸图像
print("confidence = " + str(confidence))   # 打印评分
print(names[str(label)])   # 数组字典里标签对应的名字
```

```
confidence = 14874.438012187567
Messi
```

图 8.5.4　判断出 messi4.png 是梅西信息值为 14874

虽然识别器正确判断出了两张图片中的人物，但是我们也可以看到，它们的信息值都超过了 10000，这和笔者选择的图片质量有关系，同时也和样本数量较少有很大的关系。

课堂练习

练习 8.4：请读者们自行学习 Fisherfaces 和 LBPH 两种识别器的使用方法。

8.6 任务 14：实现魔法帽功能

场景导入

现在，网络直播的热度与日俱增，各大网络直播平台为了获取更大的流量，也在不停地增加平台功能。图 8.6.1 所示是一个主播使用 B 站提供的"魔法帽"功能给自己戴上了一顶魔法帽子。

图 8.6.1　B 站的"魔法帽"功能

根据我们现在所学的知识就会知道，实现这个功能并不难，只要先检测到人脸的位置，然后在合适的位置"贴"上一张帽子的图片就可以了。

本任务就来实现一个"静态魔法帽"功能，用户可以选择要给自己穿戴的不同装饰，然后在一张静态人物图片的合适位置添加这些装饰。

任务目标

在代码目录中，提供了 hat_bgra.png、glass_bgra.png 和 necklace_bgra.png 3 张饰品的

DGRA（四通道）照片，如图 8.6.2 所示。

图 8.6.2　帽子、墨镜和项链三种饰品

代码 8.6 MagicHat.ipynb 由两个 Cell 组成，Cell 1 首先读取了人物（可以先用 model.png 图片）、帽子、墨镜和项链的图片，然后检测人脸的位置，并将位置坐标保存为 x 值、y 值，宽度 w 和高度 h 分别保存在 face_x、face_y、face_w、face_h 四个变量中。

```
                   代码 8.6 MagicHat.ipynb - Cell 1
import cv2
import time
from IPython.display import display, Image
import ipywidgets as widgets
import matplotlib.pyplot as plt # 导入 pyplot

def show_img(bgr):
    # 将 BGR 格式的图像转换为 RGB 格式的图像
    rgb = cv2.cvtColor(bgr, cv2.COLOR_BGR2RGB)
    # 用 Matplotlib 显示图像
    plt.imshow(rgb)
global person,hat,glasses,necklace
person = cv2.imread("model.png")    # 读取人物图像
hat=cv2.imread("hat_bgra.png",cv2.IMREAD_UNCHANGED) # 读取帽子图像
glasses=cv2.imread("glass_bgra.png",cv2.IMREAD_UNCHANGED) # 读取眼镜图像
necklace = cv2.imread("necklace_bgra.png",cv2.IMREAD_UNCHANGED) # 读取项
# 链图像

# 加载预训练的人脸检测模型,cv2.data.haarcascades 的值是 cv2\data\ 的安装目录
face_cascade=cv2.CascadeClassifier(cv2.data.haarcascades +
'haarcascade_frontalface_default.xml')
faces = face_cascade.detectMultiScale(person, 1.3)    # 识别出所有人脸
# 我们这个测试只显示单人照片即可, 所以将找到的人脸坐标存储在 faces[0] 里
# 用 face_x、face_y、face_w、face_h 分别获取人脸坐标
global face_x、face_y、face_w、face_h
face_x,face_y,face_w,face_h = faces[0]
print(faces)
```

代码 8.6 MagicHat.ipynb 的 Cell 2 实现了在界面上显示 HAT、GLASSES 和 NECKLACE 这三个选项，以及一个"佩戴饰品"按钮，如图 8.6.3 所示。

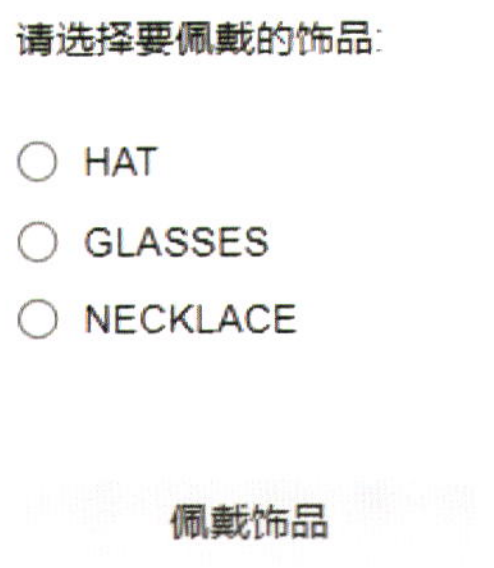

請选择要佩戴的饰品:

○ HAT

○ GLASSES

○ NECKLACE

佩戴饰品

图 8.6.3　选择佩戴饰品界面

请补充代码 8.6 MagicHat.ipynb 的 Cell 2，当选择某一种饰品并单击 "佩戴饰品" 按钮后，可以给人物佩戴饰品：帽子戴在头上，眼镜戴在眼睛上，项链戴在脖子上，如图 8.6.4 所示。

```
              代码 8.6 MagicHat.ipynb - Cell 2
# 定义一个回调函数，用于处理 button 控件
def on_button_click(b):
    if radio.value=="HAT":
        ############################
        # 请在此处补充代码，如果选择了 HAT，就将眼睛的图片戴在模特的头上
        # 注意，如果读取了不同的人物照片，那么每次的人脸大小可能不同
        # 要根据人脸的大小先 resize() 帽子的大小
        ############################
        show_img(person)
    if radio.value=="GLASSES":
        ############################
        # 请在此处补充代码，如果选择了 GLASSES，就将眼镜的图片戴在模特的眼睛上
        # 注意，如果读取了不同的人物照片，那么每次的人脸大小可能不同
        # 要根据人脸的大小先 resize() 眼镜的大小
        ############################
        show_img(person)
    if radio.value=="NECKLACE":
        ############################
        # 请在此处补充代码，如果选择了 NECKLACE，就将项链的图片戴在模特的脖子上
        # 注意，如果读取了不同的人物照片，那么每次的人脸大小可能不同
        # 要根据人脸的大小先 resize()，调整项链的大小
        ############################
        show_img(person)
# 创建一个 RadioButtons 控件，包含 BMP、PNG 和 JPG 三个选项

radio = widgets.RadioButtons(
    options=['HAT', 'GLASSES', 'NECKLACE'],
    value=None,
    description=' 请选择要佩戴的饰品 :',
    disabled=False
)
```

```
# 创建一个 Button 控件
ConvertButton = widgets.Button(description=" 佩戴饰品 ")

# 当按钮被单击时，调用 on_button_click 函数
ConvertButton.on_click(on_button_click)

# 显示单选按钮控件和按钮控件
display(radio)
display(ConvertButton)
```

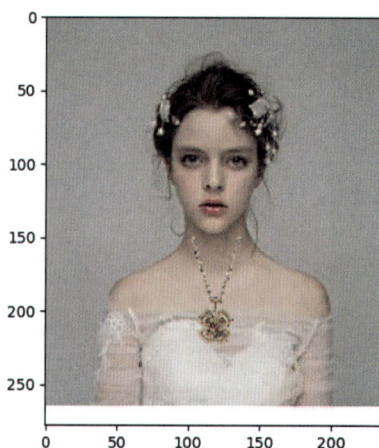

图 8.6.4　给 model.png 图片上的人物戴上了项链

线索提示

　　要根据上传的人物图片的脸部大小重新调整（回顾 resize() 方法）帽子、眼镜和项链图片的大小，这样才不会显得突兀。如图 8.6.5 所示，通过图片旁边的像素尺可以看到，model2.png 比 model.png 的人物要大，所以项链的尺寸也要相应变大。

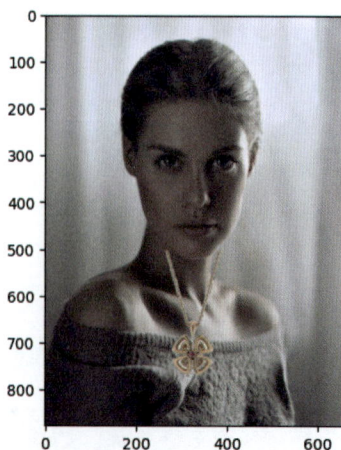

图 8.6.5　给 model2.png 图片上的人物戴上了项链